工业和信息化普通高等教育"十二五"规划教材立项项目

21 世纪高等学校计算机规划教材
21st Century University Planned Textbooks of Computer Science

计算机
操作实践

Practice of Computer Operation

张林 冯潇 聂永萍 主编

U0351250

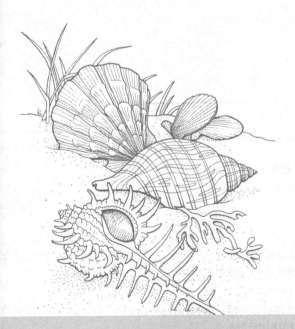

高校系列

人民邮电出版社
北 京

图书在版编目（ＣＩＰ）数据

计算机操作实践 / 张林，冯潇，聂永萍主编. -- 北京：人民邮电出版社，2014.8
21世纪高等学校计算机规划教材. 高校系列
ISBN 978-7-115-35838-7

Ⅰ. ①计… Ⅱ. ①张… ②冯… ③聂… Ⅲ. ①操作系统－高等学校－教材 Ⅳ. ①TP316

中国版本图书馆CIP数据核字(2014)第137025号

内 容 提 要

　　《计算机操作实践》是与《计算机科学概论》（聂永萍、冯潇主编，人民邮电出版社 2014 年出版）配套的实验指导教程。主要内容包括 Windows 7 操作系统、Word 2010 文字处理软件、Excel 2010 电子表格软件、PowerPoint 2010 演示文稿软件、Access 2010 数据库软件等。除此之外，本书还提供了与之配套的主教材的习题解答和实验教材参考答案。

　　全书结构简明、内容丰富、循序渐进、可操作性强，同时注重应用能力的培养。在每章后都附有相关的实验和习题。本书可作为普通高等学校本专科非计算机专业学生计算机基础课程的上机辅导教材，也可供各类计算机培训及自学者使用。

◆ 主　　编　张　林　冯　潇　聂永萍
　　责任编辑　刘　博
　　责任印制　彭志环　焦志炜

◆ 人民邮电出版社出版发行　　北京市丰台区成寿寺路 11 号
　　邮编　100164　　电子邮件　315@ptpress.com.cn
　　网址　http://www.ptpress.com.cn
　　北京昌平百善印刷厂印刷

◆ 开本：787×1092　1/16
　　印张：12.5　　　　　　　2014 年 8 月第 1 版
　　字数：329 千字　　　　　2014 年 8 月北京第 1 次印刷

定价：32.00 元
读者服务热线：(010)81055256　印装质量热线：(010)81055316
反盗版热线：(010)81055315
广告经营许可证：京崇工商广字第 0021 号

前言

　　大学计算机基础课程实验教学环节是学生掌握计算机基础知识和应用相当重要和必不可少的手段,目的在于培养学生良好的信息素养以及利用计算机工具进行信息处理的基本技能和技巧。

　　本书是为了配合"大学计算机基础"课程的学习,加深对其内容的理解而编写的。计算机是一门实践性很强的学科,因此熟练使用计算机已经是现代人最基本的技能之一。计算机应用能力的培养和提高要靠大量的上机实践来实现。

　　本书是按照教育部高等院校非计算机专业计算机基础课程教学指导委员会提出的最新教学要求和最新大纲编写的。

　　本书主要内容有 Windows 7 操作系统、Word 2010 文字处理软件、Excel 2010 电子表格软件、PowerPoint 2010 演示文稿软件、Access 2010 数据库软件等。为配合《计算机科学概论》主教材,本书还提供了主教材各章节的习题参考答案。

　　本书的特点,一是按照教学大纲,结合主教材,把每一章的教学要求化解为一个个目的明确、操作性强的上机实验内容;二是按实验目的、内容、步骤和作业组织实验教学,实验目的明确,内容实用,步骤清晰,作业适中,学生既可通过自学,又可在教师指导下,按实验的组织过程顺利而轻松地掌握教学内容,给教师的教学和学生的学习带来极大的方便;三是实用性强,每个实验均是很好的应用示例,通过操作,学生即学即用,不仅能掌握知识要点,而且能增强实践能力;四是配套完善的实验素材。

　　通过本书的学习和实践,学生可掌握操作和使用计算机的基本技能技巧,能熟练进行计算机操作系统、办公自动化软件及计算机网络应用的各项操作,同时具有利用计算机获取知识、解决问题的方法和能力,以满足和适应信息化社会对大学生基本素质的要求,为更好地适应信息化社会的学习和生活打下良好的基础。

　　本书内容新颖、面向应用、强调操作能力培养和综合应用。其宗旨是使读者快速掌握办公自动化技术、数据库技术等。

　　由于作者水平有限,书中难免有错误和不妥之处,恳请读者批评指正。

编　者
2014 年 5 月

目　录

第1章
操作系统

1.1 Windows 7 基本操作

1.1.1 启动 Windows 7

计算机加电后，首先是启动 BIOS 程序，BIOS 自检完毕后，找到硬盘上的主引导记录 MBR，MBR 读取 DPT（分区表），从中找出活动的主分区，然后读取活动主分区的 PBR（分区引导记录，也叫 DBR），PBR 再搜寻分区内的启动管理器文件 BOOTMGR，在 BOOTMGR 被找到后，控制权就交给了 BOOTMGR。BOOTMGR 读取\boot\bcd 文件（ BCD=Boot Configuration Data，"启动配置数据"，简单地说，Windows 7 下的 bcd 文件就相当于 XP 下的 boot.ini 文件 ），如果存在着多个操作系统并且选择操作系统的等待时间不为 0 的话，这时就会在显示器上显示操作系统的选择界面。在我们选择启动 Windows 7 后，BOOTMGR 就会去启动盘寻找 Windows\system32\winload.exe，然后通过 winload.exe 加载 Windows 7 内核，从而启动整个 Windows 7 系统。可以把这个过程简单地概括为：BIOS-->MBR-->DPT-->pbr--> Bootmgr-->bcd-->Winload.exe-->内核加载-->整个 Windows 7 系统。

Windows 7 的启动画面如图 1.1 所示。

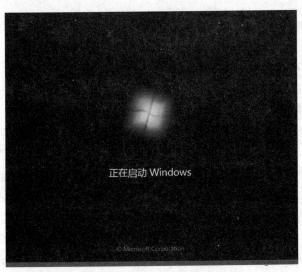

图 1.1　Windows 7 启动画面

Windows 7 登录画面如图 1.2 所示。选择用户并输入正确的密码就可以正常使用计算机了。

图 1.2　Windows 7 登录画面

1.1.2　退出 Windows 7

为了防止数据丢失，系统在关闭之前必须关闭所有的句柄，同步内外存数据。因此与启动 Windows 7 类似，关闭 Windows 7 也必须严格按步骤进行。

（1）关闭所有用户程序

在关闭程序的过程中如果发现有文件改动的情况发生，系统会弹出警告对话框提示用户保存数据。此时可以根据实际情况选择单击"保存"或"取消"按钮。

（2）关闭 Windows

单击 菜单，选择 按钮，关闭系统。关机按钮旁边的箭头可进行其他选择，如图 1.3 所示。

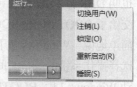

图 1.3　关机按钮

① 切换用户：指在电脑用户账户中同时存在两个及以上的用户时，通过单击切换用户，可以回到登陆界面，保留原用户的操作，进入到其他用户中去的方式。（注：关闭当前登录用户，重新登录一个新用户。）

② 注销：将电脑用户账户的正常状态转为未登录状态。如果有多个用户，也可以退出这个用户，转入另一个用户。

③ 锁定：使用户不能够使用计算机，键入用户密码解除锁定。

④ 重新启动：重启计算机。

⑤ 睡眠：计算机睡眠（Sleep）是计算机由工作状态转为等待状态的一种新的节能模式，是在 Windows 7 操作系统中新添加的系统功能。开启睡眠状态时，系统的所有工作都会保存在硬盘下的一个系统文件，同时关闭除了内存外所有设备的供电。这种模式结合了待机和休眠的所有优点。将系统切换到睡眠状态后，系统会将内存中的数据全部转存到硬盘上的休眠文件中（这一点类似休眠），然后关闭了内存外所有设备的供电，让内存中的数据依然维持着（这一点类似待机）。这样，当我们想要恢复的时候，如果在睡眠过程中供电没有发生过异常，就可以直接从内存中的数据恢复（类似待机），速度很快；但如果睡眠过程中供电异常，内存中的数据已经丢失了，还可以从硬盘上恢复（类似休眠），只是速度会慢一点。不过无论如何，这种模式都不会导致数据丢失。

1.1.3 任务栏的基本操作

任务栏是桌面的一个区域，它包含「开始」菜单以及用于所有已打开程序的按钮。任务栏通常位于桌面的底部。

图 1.4 任务栏

在 Windows 7 中，对任务栏的改进不只是美化。Microsoft 重新打造了任务栏，让它比以前更棒。新任务栏简化操作的某些特性，可以让用户更快地完成各项任务。

一、更改图标在任务栏通知区域中的显示方式

默认情况下，通知区域位于任务栏的右侧，它包含程序图标，这些程序图标提供有关传入的电子邮件、更新、网络连接等事项的状态和通知。安装新程序时，有时可以将此程序的图标添加到通知区域。

新的计算机在通知区域经常已有一些图标，而且某些程序在安装过程中会自动将图标添加到通知区域。可以更改出现在通知区域中的图标和通知，并且对于某些特殊图标（称为"系统图标"），可以选择是否显示它们。

可以通过将图标拖曳到所需的位置来更改图标在通知区域中的顺序以及隐藏图标的顺序。

1. 删除或隐藏通知区域中的图标的步骤

单击通知区域中的图标，然后将其拖曳到桌面。

2. 查看隐藏图标的步骤

单击通知区域旁边的箭头。如果没有箭头，则表示没有任何隐藏图标。

3. 将隐藏图标添加到通知区域的步骤

单击通知区域旁边的箭头，然后将要移动的图标拖曳到任务栏的通知区域。可以将任意多个隐藏图标拖曳到通知区域。

4. 始终在任务栏上显示所有图标的步骤

（1）右键单击任务栏上的空白区域，然后单击"属性"。

（2）在"通知区域"下，单击"自定义"。

（3）选中"始终在任务栏上显示所有图标和通知"复选框，然后单击"确定"。

5. 更改图标和通知出现在通知区域中的方式的步骤

（1）右键单击任务栏上的空白区域，然后单击"属性"。

（2）在"通知区域"下，单击"自定义"。

（3）对于每个图标，在列表中选择以下选项之一。

① 显示图标和通知。在任务栏的通知区域中图标始终保持可见并且显示所有通知。

② 隐藏图标和通知。隐藏图标并且不显示通知。

③ 仅显示通知。隐藏图标，但如果程序触发通知气球，则在任务栏上显示该程序。

（4）单击"确定"按钮。

6. 打开或关闭系统图标的步骤

系统图标（包括时钟、音量、网络、电源和解决方案）是属于 Windows 的特殊图标。对于这些图标，用户可以更改图标和通知出现的方式，还可以更改是否显示它们。如果用户或用户的计算机制造商安装了类似程序，则可以关闭系统图标。如果关闭系统图标，可在以后随时再次将其打开。

（1）单击鼠标右键任务栏上的空白区域，然后单击"属性"。

（2）在"通知区域"下，单击"自定义"。

（3）单击"打开或关闭系统图标"。

（4）对于每个系统图标，在列表中单击"打开"按钮以在通知区域中显示该图标，或单击"关闭"以从通知区域中完全删除该图标。

（5）单击"确定"按钮，然后再次单击"确定"按钮。

二、将工具栏添加至任务栏

工具栏是一行、一列或一块按钮或图标，代表可以在程序中执行的任务。一些工具栏可以出现在任务栏上。

（1）鼠标右键单击任务栏的空白区域，然后指向"工具栏"。

（2）单击列表中的任一项目可添加或删除它。旁边带有复选标记的工具栏名称已显示在任务栏上。

三、跳转列表

借助跳转列表，用户只需鼠标右键单击任务栏中的某个程序按钮，即可访问用户最常使用的文档、图片、歌曲和网站。用户还可在"开始"菜单上找到跳转列表，只需单击程序名称旁的箭头。

图 1.5　跳转列表

使用跳转列表可直接访问喜爱的内容。

四、锁定

在 Windows 7 中，用户可以将喜爱的程序锁定到任务栏的任意位置以便访问。不太喜欢按钮的排列？可根据需要随意重新排列它们的位置，只需单击和拖动操作即可完成。用户甚至可以将各个文档和网站锁定到任务栏上的跳转列表。

图 1.6　锁定任务栏

将程序锁定到任务栏以便访问。

五、Live Taskbar 预览

在 Windows 7 中，用户可以指向任务栏按钮以查看其打开窗口的实时预览（包括网页和现场视频）。将鼠标移动至缩略图上方可全屏预览窗口，单击其可打开窗口。用户甚至还可以直接从缩略图预览关闭窗口以及暂停视频和歌曲，为用户节省不少时间。Live Taskba 预览仅在 Windows 7 家庭高级版、专业版、旗舰版和企业版中适用。

图 1.7 Live Taskbar 预览

1.2 桌面的基本操作

桌面是打开计算机并登录到 Windows 之后看到的主屏幕区域。就像实际的桌面一样，它是用户工作的平面。打开程序或文件夹时，它们便会出现在桌面上。还可以将一些项目（如文件和文件夹）放在桌面上，并且随意排列它们。

从更广义上讲，桌面有时包括任务栏。任务栏位于屏幕的底部，显示正在运行的程序，并可以在它们之间进行切换。它还包含「开始」按钮，使用该按钮可以访问程序、文件夹和计算机设置。

1.2.1 Windows 7 桌面新增功能

Windows 7 桌面上的新增功能可使用户更加轻松地组织和管理多个窗口。可以在打开的窗口之间轻松切换，以便集中精神处理重要的程序和文件。其他的新增功能有助于用户向桌面添加个性化设置。

一、鼠标拖曳操作

使用鼠标拖曳操作功能，通过简单地移动鼠标即可排列桌面上的窗口并调整其大小。使用鼠标拖曳操作，可以使窗口与桌面的边缘快速对齐、使窗口垂直扩展至整个屏幕高度或最大化窗口使其全屏显示。鼠标拖曳操作在以下情况中尤为有用：比较两个文档、在两个窗口之间复制或移动文件、最大化当前使用的窗口，或展开较长的文档，以便于阅读并减少滚动操作。如图 1.8 所示。

若要使用鼠标拖曳操作，可以将打开窗口的标题栏拖动到桌面的任意一侧对齐该窗口，也可以将其拖动到桌面的顶部最大化该窗口。若要使用鼠标拖曳操作垂直扩展窗口，请将窗口的上边缘拖动到桌面的顶部。

二、晃动

通过使用晃动功能，可以快速最小化除桌面上正在使用的窗口外的所有打开窗口。只需单击要保持打开状态的窗口的标题栏，然后快速前后拖动（或晃动）该窗口，其他窗口就会最小化。如图 1.9 所示。

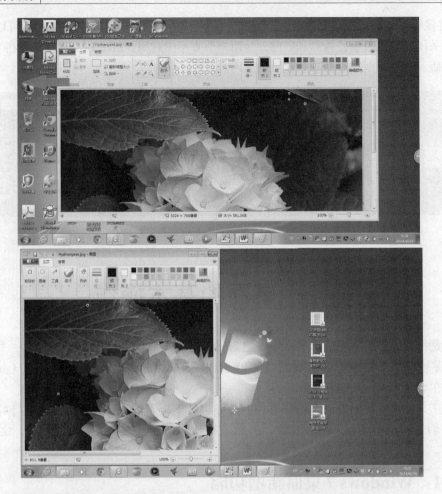

图 1.8　将窗口拖动到桌面的一侧，将其扩展为屏幕大小的一半

图 1.9　通过晃动某窗口来最小化所有其他窗口

若要还原最小化的窗口，请再次晃动打开的窗口。

三、桌面透视

使用桌面透视功能，可以在无需最小化所有窗口的情况下快速预览桌面，也可以通过指向任务栏上的某个已打开窗口的按钮来预览该窗口。

1. 快速查看桌面

"显示桌面"按钮已从「开始」按钮那里移动到任务栏的另一端,这样可以很容易地单击或指向此按钮,不会意外打开「开始」按钮。

除了单击"显示桌面"按钮显示桌面外,还可以通过指向"显示桌面"按钮来临时查看或快速查看桌面。指向任务栏末端的"显示桌面"按钮时,所有打开的窗口都会淡出视图,以显示桌面。若要再次显示这些窗口,只需将鼠标移开"显示桌面"按钮。如图 1.10 所示。

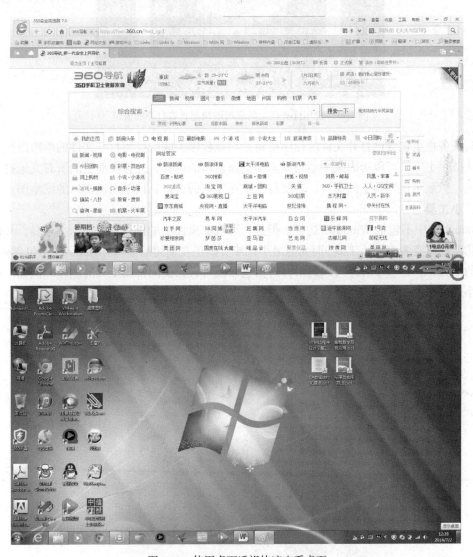

图 1.10　使用桌面透视快速查看桌面

若要快速查看桌面小工具,或者不希望最小化所有打开窗口但必须还原它们时,此功能将非常有用。

2. 快速查看桌面上的打开文件

还可以使用桌面透视功能快速查看其他打开的窗口,而无需单击离开当前正在使用的窗口。如图 1.11 所示。

图 1.11　使用任务栏上的缩略图快速查看打开的窗口

　　指向任务栏上包含已打开文件的程序按钮。与该程序关联的任何打开文件的缩略图预览都将出现在任务栏上方。可以指向某个缩略图来预览该窗口的内容，并且桌面上的所有其他打开窗口都将淡出，只显示正在预览的窗口。若要打开正在预览的窗口，请单击该窗口的缩略图。

　　四、小工具

　　Windows 7 中不包括 Windows 边栏。但是，可以在桌面上的任意位置显示小工具，并使用桌面透视功能临时查看桌面小工具，而无需最小化或关闭正在使用的窗口。Windows 中包含称为"小工具"的小程序，这些小程序可以提供即时信息以及可轻松访问常用工具的途径。例如，用户可以使用小工具显示图片幻灯片、查看不断更新的标题或查找联系人。如图 1.12 所示。

图 1.12　桌面上的小工具

1.2.2 Aero 桌面体验

Aero 桌面体验的特点是透明的玻璃图案带有精致的窗口动画和新窗口颜色。如图 1.13 所示。

图 1.13 Aero 桌面

Aero 桌面体验为开放式外观提供了类似于玻璃的窗口。它包括与众不同的直观样式，将轻型透明的窗口外观与强大的图形高级功能结合在一起。用户可以享受具有视觉冲击力的效果和外观，并可从更快地访问程序中获益。

一、玻璃效果

一个更直观的功能是它的玻璃窗口边框，可以让用户关注打开窗口的内容。窗口行为已经过重新设计，具有精致的动画效果，另外可以将窗口最小化、最大化和重新定位，使其显示更流畅、更轻松。如图 1.14 所示。

使用提供的颜色可对窗口着色，或与用户自己的自定义颜色混合在一起。用户还可以通过对透明窗口着色，对窗口、「开始」菜单和任务栏的颜色和外观进行微调。选择提供的颜色之一，或使用颜色合成器创建自己的自定义颜色。如图 1.15 所示。

图 1.14 玻璃效果

图 1.15 颜色窗口

二、切换程序

Aero 桌面体验还为打开的窗口提供了任务栏预览。当指向任务栏按钮时，将显示一个缩略图大小的窗口预览，该窗口中的内容可以是文档、照片，甚至可以是正在运行的视频。如图 1.16 所示。

序的窗口的

图 1.16　窗口预览

　　按 Alt+Tab 组合键在窗口之间切换时，用户可以看到每个打开程序的窗口的实时预览。如图 1.17 所示。

图 1.17　Alt+Tab 切换窗口

1.2.3　开始菜单的基本操作

　　「开始」菜单是计算机程序、文件夹和设置的主门户。之所以称之为"菜单"，是因为它提供一个选项列表，就像餐馆里的菜单那样。至于"开始"的含义，在于它通常是用户要启动或打开某项内容的位置。如图 1.18 所示。

图 1.18　「开始」菜单

使用「开始」菜单可执行以下常见的活动。

- 启动程序。
- 打开常用的文件夹。
- 搜索文件、文件夹和程序。
- 调整计算机设置。
- 获取有关 Windows 操作系统的帮助信息。
- 关闭计算机。
- 注销 Windows 或切换到其他用户账户。

一、「开始」菜单入门

若要打开「开始」菜单，请单击屏幕左下角的「开始」按钮 。或者，按键盘上的 Windows 徽标键 。

「开始」菜单分为以下三个基本部分。

- 左边的大窗格显示计算机上程序的一个短列表。计算机制造商可以自定义此列表，所以其确切外观会有所不同。单击"所有程序"可显示程序的完整列表。
- 左边窗格的底部是搜索框，通过键入搜索项可在计算机上查找程序和文件。
- 右边窗格提供对常用文件夹、文件、设置和功能的访问。在这里还可注销 Windows 或关闭计算机。

二、从「开始」菜单打开程序

「开始」菜单最常见的一个用途是打开计算机上安装的程序。若要打开「开始」菜单左边窗格中显示的程序，可单击它。该程序就打开了，并且「开始」菜单随之关闭。

如果看不到所需的程序，可单击左边窗格底部的"所有程序"。左边窗格会立即按字母顺序显示程序的长列表，后跟一个文件夹列表，这些文件夹中都有什么？更多程序。

单击某个程序的图标可启动该程序，并且「开始」菜单随之关闭。例如，单击"附件"就会显示存储在该文件夹中的程序列表。单击任一程序可将其打开。若要返回到刚打开「开始」菜单时看到的程序，可单击菜单底部的"后退"按钮。

如果不清楚某个程序是做什么用的，可将指针移动到其图标或名称上。会出现一个框，该框通常包含了对该程序的描述。例如，指向"计算器"时会显示这样的消息："使用屏幕'计算器'执行基本的算术任务。"此操作也适用于「开始」菜单右边窗格中的项。

随着时间的推移，「开始」菜单中的程序列表也会发生变化。出现这种情况有两种原因。首先，安装新程序时，新程序会添加到"所有程序"列表中。其次，「开始」菜单会检测最常用的程序，并将其置于左边窗格中以便快速访问。

三、搜索框

搜索框是在计算机上查找项目的最便捷方法之一。搜索框将遍历用户的程序以及个人文件夹（包括"文档"、"图片"、"音乐"、"桌面"以及其他常见位置）中的所有文件夹，因此是否提供项目的确切位置并不重要。它还将搜索用户的电子邮件、已保存的即时消息、约会和联系人。如图 1.19 所示。

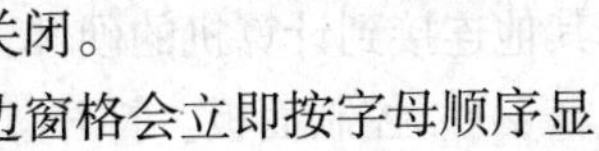

图 1.19　「开始」菜单搜索框

若要使用搜索框，请打开「开始」菜单并开始键入搜索项。不必先在框中单击。键入之后，搜索结果将显示在「开始」菜单左边窗格中的搜索框上方。

对于以下情况，程序、文件和文件夹将作为搜索结果显示。

- 标题中的任何文字与搜索项匹配或以搜索项开头。
- 该文件实际内容中的任何文本（如字处理文档中的文本）与搜索项匹配或以搜索项开头。
- 文件属性中的任何文字（例如作者）与搜索项匹配或以搜索项开头。

单击任一搜索结果可将其打开。或者单击"清除"按钮。清除搜索结果并返回到主程序列表。还可以单击"查看更多结果"以搜索整个计算机。

除可搜索程序、文件和文件夹以及通信之外，搜索框还可搜索 Internet 收藏夹和访问的网站的历史记录。如果这些网页中的任何一个包含搜索项，则该网页会出现在"收藏夹和历史记录"标题下。

四、右边窗格

「开始」菜单的右边窗格中包含用户很可能经常使用的部分 Windows 链接。从上到下有：

- 个人文件夹。打开个人文件夹（它是根据当前登录到 Windows 的用户命名的）。例如，如果当前用户是 Molly Clark，则该文件夹的名称为 Molly Clark。此文件夹依次包含特定于用户的文件，其中包括"文档"、"音乐"、"图片"和"视频"文件夹。
- 文档。打开"文档"文件夹，用户可以在这里存储和打开文本文件、电子表格、演示文稿以及其他类型的文档。
- 图片。打开"图片"文件夹，用户可以在这里存储和查看数字图片及图形文件。
- 音乐。打开"音乐"文件夹，用户可以在这里存储和播放音乐及其他音频文件。
- 游戏。打开"游戏"文件夹，用户可以在这里访问计算机上的所有游戏。
- 计算机。打开一个窗口，用户可以在这里访问磁盘驱动器、照相机、打印机、扫描仪及其他连接到计算机的硬件。
- 控制面板。打开"控制面板"，用户可以在这里自定义计算机的外观和功能、安装或卸载程序、设置网络连接和管理用户账户。
- 设备和打印机。打开一个窗口，用户可以在这里查看有关打印机、鼠标和计算机上安装的其他设备的信息。
- 默认程序。打开一个窗口，用户可以在这里选择要让 Windows 运行用于诸如 Web 浏览活动的程序。
- 帮助和支持。打开 Windows 帮助和支持，用户可以在这里浏览和搜索有关使用 Windows 和计算机的帮助主题。

右窗格的底部是"关机"按钮。单击"关机"按钮关闭计算机。单击"关机"按钮旁边的箭头可显示一个带有其他选项的菜单，可用来切换用户、注销、重新启动或关闭计算机。

五、自定义「开始」菜单

用户可以控制要在「开始」菜单上显示的项目。例如，用户可以将喜欢的程序的图标附到「开始」菜单以便于访问，也可从列表中移除程序。还可以选择在右边窗格中隐藏或显示某些项目。

- 将程序图标锁定到「开始」菜单：如果定期使用程序，可以通过将程序图标锁定到「开始」菜单以创建程序的快捷方式。锁定的程序图标将出现在「开始」菜单的左侧。
- 右键单击想要锁定到「开始」菜单中的程序图标，然后单击"锁定到「开始」菜单"。
- 从「开始」菜单删除程序图标：从「开始」菜单删除程序图标不会将它从"所有程序"列表中删除或卸载该程序。
- 单击「开始」按钮。
- 右键单击要从「开始」菜单中删除的程序图标，然后单击"从列表中删除"。

- 移动「开始」按钮：「开始」按钮位于任务栏上。尽管不能从任务栏删除「开始」按钮，但可以移动任务栏及与任务栏在一起的「开始」按钮。
- 右键单击任务栏上的空白空间。如果其旁边的"锁定任务栏"有复选标记，请单击它以删除复选标记。
- 单击任务栏上的空白空间，然后按下鼠标按钮，并拖动任务栏到桌面的四个边缘之一。当任务栏出现在所需的位置时，释放鼠标按钮。
- 自定义「开始」菜单的右窗格：可以添加或删除出现在「开始」菜单右侧的项目，如计算机、控制面板和图片。还可以更改一些项目，以使它们显示如链接或菜单。
- 单击打开"任务栏和「开始」菜单属性"。
- 单击"「开始」菜单"选项卡，然后单击"自定义"。
- 在"自定义「开始」菜单"对话框中，从列表中选择所需选项，单击"确定"按钮，然后再次单击"确定"按钮。

1.2.4 窗口的基本操作

每当打开程序、文件或文件夹时，它都会在屏幕上称为窗口的框或框架中显示（这是 Windows 操作系统获取其名称的位置）。因为在 Windows 中窗口随处可见，了解如何移动它们、更改它们的大小或只是使它们消失很重要。

一、窗口的各个部分

虽然每个窗口的内容各不相同，但所有窗口都有一些共通点。一方面，窗口始终显示在桌面（屏幕的主要工作区域）上。另一方面，大多数窗口都具有相同的基本部分。如图 1.20 所示。

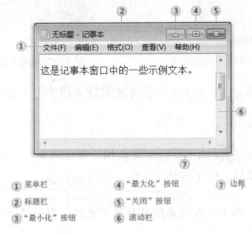

① 菜单栏　　　　④ "最大化"按钮　　　⑦ 边框
② 标题栏　　　　⑤ "关闭"按钮
③ "最小化"按钮　⑥ 滚动栏

图 1.20　典型窗口的各个部分

- 标题栏：显示文档和程序的名称（或者如果正在文件夹中工作，则显示文件夹的名称）。
- 最小化、最大化和关闭按钮：这些按钮分别可以隐藏窗口、放大窗口使其填充整个屏幕以及关闭窗口（下面即将介绍更多相关详细信息）。
- 菜单栏：包含程序中可单击进行选择的项目。请参阅使用菜单、按钮、滚动条和复选框。
- 滚动条：可以滚动窗口的内容以查看当前视图之外的信息。
- 边框和角：可以用鼠标指针拖动这些边框和角以更改窗口的大小。

其他窗口可能具有其他的按钮、框或栏。但是它们通常也具有基本部分。

二、移动窗口

若要移动窗口,请用鼠标指针 指向其标题栏。然后将窗口拖动到希望的位置。("拖动"意味着指向项目,按住鼠标按钮,用指针移动项目,然后释放鼠标按钮。)

三、更改窗口的大小

* 若要使窗口填满整个屏幕,请单击其"最大化"按钮 ▣ 或双击该窗口的标题栏。
* 若要将最大化的窗口还原到以前大小,请单击其"还原"按钮 ▣(此按钮出现在"最大化"按钮的位置上)。或者,双击窗口的标题栏。
* 若要调整窗口的大小(使其变小或变大),请将鼠标指向窗口的任意边框或角上。当鼠标指针变成双箭头时(请参见下图),拖动边框或角可以缩小或放大窗口。如图1.21所示。

已最大化的窗口无法调整大小,必须先将其还原为先前的大小。

> **注意** 虽然多数窗口可被最大化和调整大小,但也有一些固定大小的窗口,如对话框。

四、隐藏窗口

隐藏窗口称为"最小化"窗口。如果要使窗口临时消失而不将其关闭,则可以将其最小化。若要最小化窗口,请单击其"最小化"按钮 ▭。窗口会从桌面中消失,只在任务栏(屏幕底部较长的水平栏)上显示为按钮。如图1.22所示。

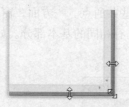

任务栏按钮

图1.21　拖动窗口的边框或角以调整其大小　　　　图1.22　任务栏按钮

若要使最小化的窗口重新显示在桌面上,请单击其任务栏按钮。窗口会准确地按最小化前的样子显示。

五、关闭窗口

关闭窗口会将其从桌面和任务栏中删除。如果使用了程序或文档,而无须立即返回到窗口时,则可以将其关闭。若要关闭窗口,请单击其"关闭"按钮 ✕。

> **注意** 如果关闭文档,而未保存对其所做的任何更改,则会显示一条消息,给出选项以保存更改。

六、在窗口间切换

如果打开了多个程序或文档,桌面会快速布满杂乱的窗口。通常不容易跟踪已打开了哪些窗口,因为一些窗口可能部分或完全覆盖了其他窗口。

(1)使用任务栏。任务栏提供了整理所有窗口的方式。每个窗口都在任务栏上具有相应的按钮。若要切换到其他窗口,只需单击其任务栏按钮。该窗口将出现在所有其他窗口的前面,成为活动窗口,即用户当前正在使用的窗口。

若要轻松地识别窗口,请指向其任务栏按钮。指向任务栏按钮时,将看到一个缩略图大小的窗口预览，无论该窗口的内容是文档、照片，甚至是正在运行的视频。如果无法通过其标题识别窗口，则该预览特别有用。如图 1.23 所示。

图 1.23 指向窗口的任务栏按钮会显示该窗口的预览

（2）使用 Alt+Tab 组合键。通过按 Alt+Tab 组合键可以切换到先前的窗口，或者通过按住 Alt 键并重复按 Tab 循环切换所有打开的窗口和桌面。释放 Alt 键可以显示所选的窗口。

（3）使用 Aero 三维窗口切换。Aero 三维窗口切换以三维堆栈排列窗口，用户可以快速浏览这些窗口。如图 1.24 所示。使用三维窗口切换的步骤如下。

- 按住 Windows 徽标键 的同时按 Tab 键可打开三维窗口切换。
- 当按下 Windows 徽标键时，重复按 Tab 键或滚动鼠标滚轮可以循环切换打开的窗口。还可以按"向右"键或"向下"键向前循环切换一个窗口，或者按"向左"键或"向上"键向后循环切换一个窗口。
- 释放 Windows 徽标键可以显示堆栈中最前面的窗口。或者单击堆栈中某个窗口的任意部分来显示该窗口。

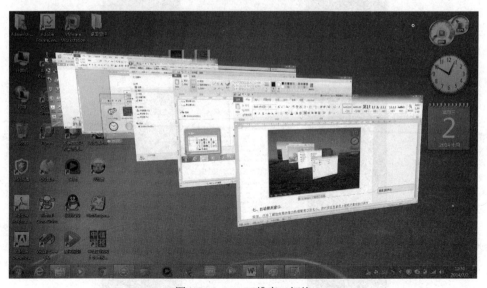

图 1.24 Aero 三维窗口切换

七、自动排列窗口

现在，已经了解如何移动窗口和调整窗口的大小，用户可以在桌面上按用户喜欢的任何方式排列窗口。还可以按如图 1.25 所示的三种方式之一使 Windows 自动排列窗口：层叠、纵向堆叠或并排。

图 1.25　以层叠（左）、纵向堆叠（中）或并排模式（右）排列窗口

若要选择这些选项之一，请在桌面上打开一些窗口，然后右键单击任务栏的空白区域，单击"层叠窗口"、"堆叠显示窗口"或"并排显示窗口"。

八、使用"鼠标拖曳操作"排列窗口

"鼠标拖曳操作"将在移动的同时自动调整窗口的大小，或将这些窗口与屏幕的边缘"鼠标拖曳操作"。可以使用"鼠标拖曳操作"并排排列窗口、垂直展开窗口或最大化窗口。

垂直展开窗口的步骤如图 1.26 所示。

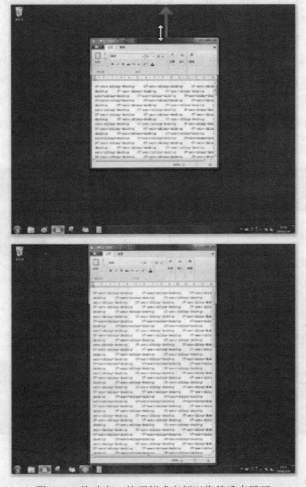

图 1.26　拖动窗口的顶部或底部以将其垂直展开

- 鼠标指向打开窗口的上边缘或下边缘，直到鼠标指针变为双头箭头↕。
- 将窗口的边缘拖动到屏幕的顶部或底部，使窗口扩展至整个桌面的高度。窗口的宽度不变。

最大化窗口的步骤如图 1.27 所示。

图 1.27　将窗口拖动到桌面的顶部以完全展开该窗口

- 将窗口的标题栏拖动到屏幕的顶部。该窗口的边框即扩展为全屏显示。
- 释放窗口使其扩展为全屏显示。

九、对话框

对话框是特殊类型的窗口，可以提出问题，允许用户选择选项来执行任务，或者提供信息。当程序或 Windows 需要用户进行响应它才能继续时，经常会看到对话框。如图 1.28 所示。

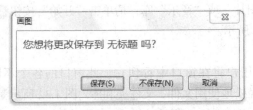

图 1.28　如果用户退出程序但未保存工作，将出现一个对话框

与常规窗口不同，多数对话框无法最大化、最小化或调整大小。但是它们可以被拖动。

1.2.5　文件和文件夹的基本操作

文件是包含信息（例如文本、图像或音乐）的项。文件打开时，非常类似在桌面上或文件柜中看到的文本文档或图片。在计算机上，文件用图标表示，这样便于通过查看其图标来识别文件类型。图 1.29 所示是一些常见文件图标。

文件夹是用于存储文件的容器。如果桌面上的纸质文件数以千计，那么在需要时，要找到某个特定文件几乎不可能。这就是人们时常把纸质文件存储在文件柜内文件夹中的原因。计算机上文件夹的工作方式与此相同。图 1.30 所示是一些典型的文件夹图标。

① 联系人　② 图片　③ 文本文档
图 1.29　几种类型文件的图标　　　图 1.30　空文件夹（左）和包含文件的文件夹（右）

文件夹还可以存储其他文件夹。文件夹中包含的文件夹通常称为"子文件夹"。可以创建任何数量的子文件夹，每个子文件夹中又可以容纳任何数量的文件和其他子文件夹。

一、使用库访问文件和文件夹

整理文件时，用户无需从头开始。用户可以使用库（Windows 7 的新功能），访问用户的文件和文件夹，并用不同的方式排列它们。以下是四个默认库及其通常用于哪些内容的列表。

* 文档库。使用该库可组织和排列字处理文档、电子表格、演示文稿以及其他与文本有关的文件。默认情况下，移动、复制或保存到文档库的文件都存储在"我的文档"文件夹中。
* 图片库。使用该库可组织和排列数字图片，图片可从照相机、扫描仪或者从其他人的电子邮件中获取。默认情况下，移动、复制或保存到图片库的文件都存储在"我的图片"文件夹中。
* 音乐库。使用该库组织和排列用户的数字音乐，如从音频 CD 翻录的歌曲，或从 Internet 下载的歌曲。默认情况下，移动、复制或保存到音乐库的文件都存储在"我的音乐"文件夹中。
* 视频库。使用该库可组织和排列视频，例如取自数字相机、摄像机的剪辑，或者从 Internet 下载的视频文件。默认情况下，移动、复制或保存到视频库的文件都存储在"我的视频"文件夹中。

若要打开"文档"、"图片"或"音乐"库，请单击"开始"按钮，然后单击"文档"、"图片"或"音乐"。如图 1.31 所示。

二、窗口的组成部分

打开文件夹或库后，用户将在窗口中看到它。此窗口的各个不同部分旨在帮助用户围绕 Windows 进行导航，或更轻松地使用文件、文件夹和库。图 1.32 所示是一个典型的窗口及其所有组成部分。窗口部件及其用途如表 1.1 所示。

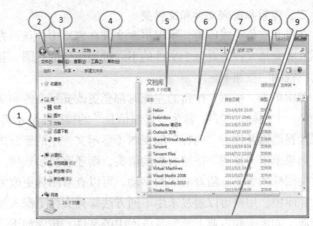

1. 导航窗格
2. "前进"和"后退"按钮
3. 工具栏
4. 地址栏
5. 库窗格
6. 列标题
7. 文件列表
8. 搜索框
9. "详细信息"窗格

图 1.31　可以从"开始"菜单打开常见库　　　　　图 1.32　窗口组成

表 1.1　　　　　　　　　　　窗口部件及用途

窗口部件	用途
导航窗格	使用导航窗格可以访问库、文件夹、保存的搜索结果，甚至可以访问整个硬盘。使用"收藏夹"部分可以打开最常用的文件夹和搜索；使用"库"部分可以访问库。用户还可以使用"计算机"文件夹浏览文件夹和子文件夹。有关详细信息，请参阅使用导航窗格
"后退"和"前进"按钮	使用"后退"按钮 和"前进"按钮 可以导航至已打开的其他文件夹或库，而无需关闭当前窗口。这些按钮可与地址栏一起使用；例如，使用地址栏更改文件夹后，可以使用"后退"按钮返回到上一文件夹
工具栏	使用工具栏可以执行一些常见任务，如更改文件和文件夹的外观、将文件刻录到 CD 或启动数字图片的幻灯片放映。工具栏的按钮可更改为仅显示相关的任务。例如，如果单击图片文件，则工具栏显示的按钮与单击音乐文件时不同
地址栏	使用地址栏可以导航至不同的文件夹或库，或返回上一文件夹或库
库窗格	仅当用户在某个库（例如文档库）中时，库窗格才会出现。使用库窗格可自定义库或按不同的属性排列文件
列标题	使用列标题可以更改文件列表中文件的整理方式。例如，用户可以单击列标题的左侧以更改显示文件和文件夹的顺序，也可以单击右侧以采用不同的方法筛选文件。（注意，只有在"详细信息"视图中才有列标题）
文件列表	此为显示当前文件夹或库内容的位置。如果用户通过在搜索框中键入内容来查找文件，则仅显示与当前视图相匹配的文件（包括子文件夹中的文件）
搜索框	在搜索框中键入词或短语可查找当前文件夹或库中的项。一开始键入内容，搜索就开始了。因此，例如，当用户键入"B"时，所有名称以字母 B 开头的文件都将显示在文件列表中
细节窗格	使用细节窗格可以查看与选定文件关联的最常见属性。文件属性是关于文件的信息，如作者、上一次更改文件的日期，以及可能已添加到文件的所有描述性标记
预览窗格	使用预览窗格可以查看大多数文件的内容。例如，如果选择电子邮件、文本文件或图片，则无须在程序中打开即可查看其内容。如果看不到预览窗格，可以单击工具栏中的"预览窗格"按钮 打开预览窗格

三、查看和排列文件和文件夹

在打开文件夹或库时，可以更改文件在窗口中的显示方式。例如，可以首选较大（或较小）图标或者首选允许查看每个文件的不同种类信息的视图。若要执行这些更改操作，请使用工具栏中的"视图"按钮 ▦ ▾ 。

每次单击"视图"按钮的左侧时都会更改显示文件和文件夹的方式，在五个不同的视图间循环切换：大图标、列表、称为"详细信息"的视图（显示有关文件的多列信息）、称为"图块"的小图标视图以及称为"内容"的视图（显示文件中的部分内容）。

如果单击"视图"按钮右侧的箭头，则还有更多选项。向上或向下移动滑块可以微调文件和文件夹图标的大小。随着滑块的移动，可以查看图标更改大小。如图 1.33 所示。

在库中，用户可以通过采用不同方法排列文件更深入地执行某个步骤。例如，假如用户希望按流派（如爵士和古典）排列音乐库中的文件，步骤如下。

- 单击"开始"按钮 ⊙ ，然后单击"音乐"。
- 在库窗格（文件列表上方）中，单击"排列方式"旁边的菜单，然后单击"流派"。

四、查找文件

根据用户拥有的文件数以及组织文件的方式，查找文件可能意味着浏览数百个文件和子文件夹，这不是轻松的任务。为了省时省力，可以使用搜索框查找文件。如图 1.34 所示。

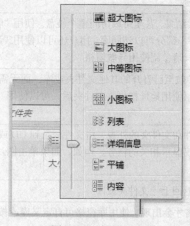

图 1.33 "视图"选项

图 1.34 搜索框

搜索框位于每个窗口的顶部。若要查找文件，请打开最有意义的文件夹或库作为搜索的起点，然后单击搜索框并开始键入文本。搜索框基于所键入文本筛选当前视图。如果搜索字词与文件的名称、标记或其他属性，甚至文本文档内的文本相匹配，则将文件作为搜索结果显示出来。

如果基于属性（如文件类型）搜索文件，可以在开始键入文本前，通过单击搜索框，然后单击搜索框正下方的某一属性来缩小搜索范围。这样会在搜索文本中添加一条"搜索筛选器"（如"类型"），它将为用户提供更准确的结果。

如果没有看到查找的文件，则可以通过单击搜索结果底部的某一选项来更改整个搜索范围。例如，如果在文档库中搜索文件，但无法找到该文件，则可以单击"库"以将搜索范围扩展到其余的库。

五、复制和移动文件和文件夹

有时，用户可能希望更改文件在计算机中的存储位置。例如，用户可能希望将文件移到不同的文件夹，或将它们复制到可移动媒体（如 CD 或内存卡）中，以便与其他人共享。

　　大多数人使用称为"拖放"的方法复制和移动文件。首先打开包含要移动的文件或文件夹的文件夹。然后，在其他窗口中打开要将其移动到的文件夹。将两个窗口并排置于桌面上，以便用户可以同时看到它们的内容。

　　接着，从第一个文件夹将文件或文件夹拖动到第二个文件夹。这就是共享文件的所有步骤。如图 1.35 所示。

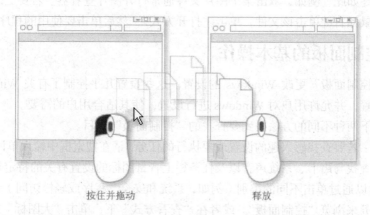

按住并拖动　　　　　　　　　　　释放

图 1.35　若要复制或移动文件，请将其从一个窗口拖动到另一个窗口

　　使用拖放方法时，用户可能注意到，有时是复制文件或文件夹，而有时是移动文件或文件夹。如果用户在存储在同一个硬盘上的两个文件夹之间拖动某个项目，则是移动该项目，这样就不会在同一位置上创建相同文件或文件夹的两个副本。如果用户将项目拖到处于不同位置（如网络位置）的文件夹或可移动媒体（如 CD）中，则可复制项目。

　　• 在桌面上排列两个窗口的最简单方法是使用"鼠标拖曳操作"。
　　• 如果将文件或文件夹复制或移动到某个库，该文件或文件夹将存储在库的"默认保存位置"。
　　• 复制或移动文件的另一种方法是在导航窗格中将文件从文件列表拖曳至文件夹或库，而不需要打开两个单独的窗口。

六、创建和删除文件

　　创建新文件的最常见方式是使用程序。例如，可以在文字处理程序中创建文本文档或者在视频编辑程序中创建电影文件。

　　有些程序一经打开就会创建文件。例如，打开写字板时，它使用空白页启动。这表示空（尚未保存）文件。开始键入内容，并在准备好保存用户的工作时，单击"保存"按钮 ⊞。在所显示的对话框中，键入文件名（文件名有助于以后再次查找文件），然后单击"保存"按钮。

　　默认情况下，大多数程序将文件保存在常见文件夹（如"我的文档"和"我的图片"）中，这便于下次再次查找文件。

　　当用户不再需要某个文件时，可以从计算机中将其删除以节约空间并保持计算机不为无用文件所干扰。若要删除某个文件，请打开包含该文件的文件夹或库，然后选中该文件。按键盘上的 Delete 键，然后在"删除文件"对话框中，单击"是"按钮。

删除文件时，它会被临时存储在"回收站"中。"回收站"可视为最后的安全屏障，它可恢复意外删除的文件或文件夹。有时，应清空"回收站"以回收无用文件所占用的所有硬盘空间。

七、打开现有文件

若要打开某个文件，请双击它。该文件将通常在用户曾用于创建或更改它的程序中打开。例如，文本文件将在用户的字处理程序中打开。

但是并非始终如此。例如，双击某个图片文件通常打开图片查看器。若要更改图片，则需要使用其他程序。鼠标右键单击该文件，单击"打开方式"，然后单击要使用的程序的名称。

1.2.6　控制面板的基本操作

可以使用"控制面板"更改 Windows 的设置。这些设置几乎控制了有关 Windows 外观和工作方式的所有设置，并允许用户对 Windows 进行设置，使其适合用户的需要。

可以使用以下两种不同的方法找到要查找的"控制面板"项目。

1. 使用搜索：若要查找感兴趣的设置或要执行的任务，请在搜索框中输入单词或短语。例如，键入"声音"可查找与声卡、系统声音以及任务栏上音量图标的设置有关的特定任务。

2. 浏览：可以通过单击不同的类别（例如，系统和安全、程序或轻松访问）并查看每个类别下列出的常用任务来浏览"控制面板"。或者在"查看方式"下，单击"大图标"或"小图标"以查看所有"控制面板"项目的列表。

如果按图标浏览"控制面板"，则可以通过键入项目名称的第一个字母来快速向前跳到列表中的该项目。例如，若要向前跳到小工具，请键入字母 G，结果会在窗口中选中以字母 G 开头的第一个"控制面板"项目。

一、创建用户账户

通过用户账户，多个用户可以轻松地共享一台计算机。每个人都可以有一个具有唯一设置和首选项（如桌面背景或屏幕保护程序）的单独的用户账户。用户账户可控制用户可以访问的文件和程序以及可以对计算机进行更改的类型。通常，会希望为大多数计算机用户创建标准账户。

创建用户账户的步骤如下。

1. 要打开"用户账户"，请依次单击"开始"按钮、"控制面板"、"用户账户和家庭安全设置"和"用户账户"。

2. 单击"管理其他帐户"。如果系统提示您输入管理员密码或进行确认，请键入该密码或提供确认。

3. 单击"创建一个新账户"。

4. 键入要为用户账户提供的名称，单击账户类型，然后单击"创建账户"。

二、卸载或更改程序的步骤

如果不再使用某个程序，或者如果希望释放硬盘上的空间，则可以从计算机上卸载该程序。可以使用"程序和功能"卸载程序，或通过添加或删除某些选项来更改程序配置。

1. 通过依次单击「开始」按钮、"控制面板"、"程序"和"程序和功能"，打开"程序和功能"。

2. 选择程序，然后单击"卸载"。除了卸载选项外，某些程序还包含更改或修复程序选项，但许多程序只提供卸载选项。若要更改程序，请单击"更改"或"修复"选项。如果系统提示您输入管理员密码或进行确认，请键入该密码或提供确认。

1.3　实　验　一

[实验目的]

通过实验了解文件和文件夹的相关基本概念，掌握文件系统的基本操作方法。

[实验要求]

（1）掌握建立新文件夹的方法。

（2）掌握文件与文件夹重新命名的方法。

（3）掌握文件与文件夹的复制和移动方法。

（4）掌握文件与文件夹的删除方法。

[实验内容]

（1）将 C：\下 WIN 文件夹中的文件 WORE.BMP 更名为 PLAY.BMP。

（2）在 C：\下创建文件 GOOD.WRI，并增加"隐藏"文件属性。

（3）在 C：\下 WIN 文件夹中新建一个文件夹 BOOK。

（4）将 C：\下 DAY 文件夹中的文件 WORE.DOC 移动到 C：\下 MALL\FONT 文件夹 MONTH 中，并重命名为 REST.DOC。

（5）将 REST.DOC 添加"只读"文件属性。

1.4　练　习　一

一、选择题

1. Windows 默认的启动方式是（　　）。

    A. 安全方式　　　　　　　　　　　B. 通常方式

    C. 具有网络支持的安全方式　　　　D. MS-DOS 方式

2. 关于"开始"菜单，说法正确的是（　　）。

    A. "开始"菜单的内容是固定不变的

    B. 可以在"开始"菜单的"程序"中添加应用程序，但不可以在"程序"菜单中添加

    C. "开始"菜单和"程序"里面都可以添加应用程序

    D. 以上说法都不正确

3. 关于 Windows 的文件名描述正确的是（　　）。

    A. 文件主名只能为 8 个字符　　　　B. 可长达 255 个字符，无须扩展名

    C. 文件名中不能有空格出现　　　　D. 可长达 255 个字符，同时仍保留扩展名

4. 在 Windows 中，当程序因某种原因陷入死循环，下列哪一个方法能较好地结束该程序（　　）。

    A. 按 Ctrl+Alt+Del 组合键，然后选择"结束任务"结束该程序的运行

    B. 按 Ctrl+Del 组合键，然后选择"结束任务"结束该程序的运行

    C. 按 Alt+Del 组合键，然后选择"结束任务"结束该程序的运行

    D. 直接 Reset 计算机结束该程序的运行

5. Windows 中文输入法的安装按以下步骤进行（　　　）。

    A. 按"开始"、"控制面板"、"区域和语言"、"输入法"、"添加"的顺序操作

    B. 按"开始"、"控制面板"、"字体"的顺序操作

    C. 按"开始"、"控制面板"、"系统"的顺序操作

    D. 按"开始"、"控制面板"、"添加/删除程序"的顺序操作

6. "我的电脑"图标始终出现在桌面上，不属于"我的电脑"的内容有（　　　）。

    A. 驱动器　　　　　　B. 我的文档　　　　　C. 控制面板　　　　　D. 打印机

7. 在 Windows 中，下列关于"任务栏"的叙述，（　　　）是错误的。

    A. 可以将任务栏设置为自动隐藏

    B. 任务栏可以移动

    C. 通过任务栏上的按钮，可实现窗口之间的切换

    D. 在任务栏上，只显示当前活动窗口名

8. 在 Windows 默认环境中，（　　　）能将选定的文档放入剪贴板中。

    A. Ctrl+V　　　　　　　　　　　　　　　B. Ctrl+Z

    C. Ctrl+X　　　　　　　　　　　　　　　D. Ctrl+A

9. 在 Windows 默认环境中，（　　　）是中英文输入切换键。

    A. Ctrl+Alt　　　　　　　　　　　　　　B. Ctrl+空格

    C. Shift+空格　　　　　　　　　　　　　D. Ctrl+Shift

10. Windows 的整个显示屏幕称为（　　　）。

    A. 窗口　　　　　　　　B. 操作台　　　　　　C. 工作台　　　　　　D. 桌面

11. 在 Windows 默认环境中，（　　　）不能使用"查找"命令。

    A. 用"开始"菜单中的"查找"命令

    B. 在"资源管理器"窗口中按"查找"按钮

    C. 用鼠标右键单击"开始"按钮，然后在弹出的菜单中选"查找"命令

    D. 用鼠标右键单击"我的电脑"图标，然后在弹出的菜单中选"查找"命令

12. 在 Windows 默认环境中，若已找到了文件名为 test.bat 的文件，（　　　）不能编辑该文件。

    A. 用鼠标左键双击该文件

    B. 用鼠标右键单击该文件，在弹出的系统快捷菜单中选"编辑"命令

    C. 首先启动"记事本"程序，然后用"文件/打开"菜单打开该文件

    D. 首先启动"写字板"程序，然后用"文件/打开"菜单打开该文件

13. 在 Windows 中，下列关于"回收站"的叙述中，（　　　）是正确的。

    A. 不论从硬盘还是软盘上删除的文件都可以用"回收站"恢复

    B. 不论从硬盘还是软盘上删除的文件都不能用"回收站"恢复

    C. 用 Delete 键从硬盘上删除的文件可用"回收站"恢复

    D. 用 Shift+Delete 组合键从硬盘上删除的文件可用"回收站"恢复

14. 在 Windows 默认环境中，（　　　）不能运行应用程序。

    A. 用鼠标左键单击应用程序快捷方式

    B. 用鼠标左键双击应用程序图标

C. 用鼠标右键单击应用程序图标，在弹出的系统快捷菜单中选"打开"命令

D. 用鼠标右键单击应用程序图标，然后按 Enter 键

15. 在 Windows 的"资源管理器"窗口左部，单击文件夹图标左侧的减号（－）后，屏幕上显示结果的变化是（   ）。

A. 该文件夹的下级文件夹显示在窗口右部

B. 窗口左部显示的该文件夹的下级文件夹消失

C. 该文件夹的下级文件夹显示在窗口左部

D. 窗口右部显示的该文件夹的下级文件夹消失

16. 在 Windows 中，下列不能用在文件名中的字符是（   ）。

A. ,　　　　　　　B. ^　　　　　　　C. ?　　　　　　　D. +

17. 下列关于 Windows "回收站"的叙述中，错误的是（   ）。

A. "回收站"中的信息可以清除，也可以还原

B. 每个逻辑硬盘上"回收站"的大小可以分别设置

C. 当硬盘空间不够使用时，系统自动使用"回收站"所占据的空间

D. "回收站"中存放的是所有逻辑硬盘上被删除的信息

18. 在 Windows 中，呈灰色显示的菜单意味着（   ）。

A. 该菜单当前不能选用

B. 选中该菜单后将弹出对话框

C. 选中该菜单后将弹出下级子菜单

D. 该菜单正在使用

19. 在 Windows 中，若系统长时间不响应用户的要求，为了结束该任务，应使用的组合键是（   ）。

A. Shift+Esc+Tab　　　　　　　B. Crtl+Shift+Enter

C. Alt+Shift+Enter　　　　　　　D. Alt+Ctrl+Del

20. 在 Windows 的"资源管理器"窗口中，若希望显示文件的名称、类型、大小等信息，则应该选择"查看"菜单中的（   ）。

A. 列表　　　　　　B. 详细资料　　　　　　C. 大图标　　　　　　D. 小图标

第 2 章
中文 Word 2010 的使用

Word 2010 是 Microsoft 公司开发的 Office 2010 办公组件之一，主要用于文字处理工作，如书写编辑信函、公文、简报、报告、文稿和论文、个人简历、商业合同、Web 页等，具有处理各种图、文、表格混排的复杂文件，实现类似杂志或报纸的排版效果等功能。Microsoft Word 2010 提供了世界上非常出色的功能，其增强后的功能可创建专业水准的文档，用户可以更加轻松地与他人协同工作并可在任何地点访问用户的文件。Word 2010 旨在向用户提供上乘的文档格式设置工具，利用它还可更轻松、高效地组织和编写文档，并使这些文档唾手可得，无论何时何地灵感迸发，都可捕获这些灵感。Word 2010 的特点：所见即所得、图文混排、拼写与语法检查、自动更正、不同语言间的翻译功能、强大的中文版式功能、简捷方便的表格制作和数据处理功能及内置模板等。

2.1　Word 2010 基本操作

2.1.1　Word 2010 的启动和关闭

同其他基于 Windows 的程序一样，Word 2010 启动与退出可以通过多种方法来实现。Word 2010 的常见启动方式如下。

方法一：在 Windows 窗口中，单击【开始】→【所有程序】→【Microsoft Office 2010】→【Microsoft Office Word 2010】。如图 2.1 所示。

方法二：双击桌面上 Word 2010 的快捷方式图标。如图 2.2 所示。

方法三：在【我的电脑】或【资源管理器】中找到 Microsoft Word 2010 应用程序 WinWord. exe，然后双击运行。如图 2.3 所示。

方法四：单击【开始】→【运行】，在弹出的【运行】对话框中输入"WinWord"命令，按 Enter 键或单击【确定】按钮即可。如图 2.4 所示。

方法五：双击打开已存在的某一个 Word 文档，也可以启动 Word 2010 并显示文档内容在其窗口。如图 2.5 所示。

方法六：开始菜单高频菜单栏启动 Word 2010。如图 2.6 所示。

Word 2010 的常见关闭方式如下。

方法一：单击 Word 2010 窗口右上角的关闭按钮。如图 2.7 所示。

方法二：通过 Word 2010 文件菜单退出按钮关闭 Word 2010。如果在该下拉菜单中选择【关闭】命令，则只是关闭当前文档窗口，而非退出 Word 2010 应用程序。如图 2.8 所示。

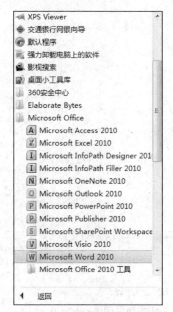

图 2.1　开始程序菜单启动 Word 2010

图 2.2　快捷方式启动 Word 2010

图 2.3　资源管理器运行 Word 2010

图 2.4　运行对话框运行 Word 2010

图 2.5　双击文件启动 Word 2010

图 2.6　开始高频菜单启动 Word 2010　　　图 2.7　关闭按钮关闭 Word 2010

方法三：激活 Word 2010 窗口通过 Windows 系统快捷键 ALT + F4 关闭 Word 2010。

方法四：通过 Word 2010 图标按钮下拉菜单关闭按钮关闭 Word 2010。如图 2.9 所示。

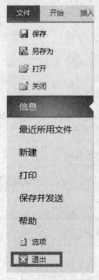

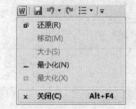

图 2.8　文件菜单关闭 Word 2010　　　图 2.9　通过图标按钮关闭 Word 2010

2.1.2　Word 2010 界面简介

一、Backstage 视图简介

Microsoft Word 从 Word 2007 升级到 Word 2010，其最显著的变化就是使用"文件"按钮代替了 Word 2007 中的 Office 按钮，使用户更容易从 Word 2003 和 Word 2000 等旧版本中转移。

功能区中包含用于在文档中工作的命令集，而 Microsoft Office Backstage 视图是用于对文档执行操作的命令集。打开一个文档，并单击"文件"选项卡可查看 Backstage 视图。在 Backstage 视图中可以管理文档和有关文档的相关数据：创建、保存和发送文档，检查文档中是否包含隐藏的元数据或个人信息，设置打开或关闭"记忆式键入"建议之类的选项，等等。若要从 Backstage 视图快速返回到文档，请单击"开始"选项卡，或者按键盘上的 Esc 按钮。

"文件"选项卡位于 Microsoft Office 2010 程序的左上角，如图 2.10 所示。

图 2.10　Word 2010 功能区

在单击"文件"选项卡时，用户会看到许多与单击 Microsoft Office 早期版本中的"Office 按钮" 或"文件"菜单时出现相同的基本命令。用户会找到"打开"、"保存"、"打印"以及一个名为"保存并发送"的新 Backstage 视图选项卡，该选项卡提供了多个用于共享和发送文档的选项，如图 2.11 所示。

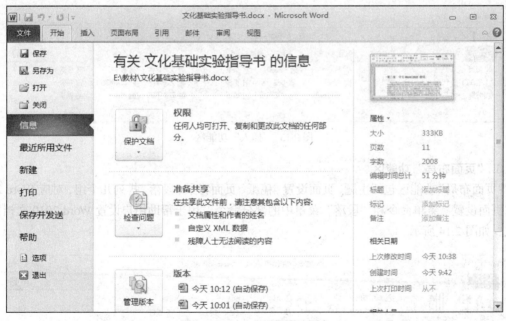

图 2.11　Backstage 视图选项卡

"信息"选项卡会根据文档的状态及其存储位置显示不同的命令、属性和元数据。"信息"选项卡上的命令可能包括"签入"、"签出"和"权限"。

Backstage 视图会根据命令对用户的重要程度和用户与命令的交互方式来突出显示某些命令。例如，当文档的权限设置可能限制编辑功能时，"信息"选项卡上的"权限"命令会以红色突出显示。

二、Word 2010 功能区

Word 2010 同样取消了传统的菜单操作方式，而代之以各种功能区。在 Word 2010 窗口上方看起来像菜单的名称其实是功能区的名称，当单击这些名称时并不会打开菜单，而是切换到与之相对应的功能区面板。每个功能区根据功能的不同又分为若干个组,每个功能区所拥有的功能如下所述。

1. "开始"功能区

"开始"功能区中包括剪贴板、字体、段落、样式和编辑五个组,对应 Word 2003 的"编辑"和"段落"菜单的部分命令。该功能区主要用于帮助用户对 Word 2010 文档进行文字编辑和格式设置,是用户最常用的功能区,如图 2.12 所示。

图 2.12 "开始"功能区

2. "插入"功能区

"插入"功能区包括页、表格、插图、链接、页眉和页脚、文本、符号和特殊符号几个组,对应 Word 2003 中"插入"菜单的部分命令,主要用于在 Word 2010 文档中插入各种元素,如图 2.13 所示。

图 2.13 "插入"功能区

3. "页面布局"功能区

"页面布局"功能区包括主题、页面设置、稿纸、页面背景、段落、排列几个组,对应 Word 2003 的"页面设置"菜单命令和"段落"菜单中的部分命令,用于帮助用户设置 Word 2010 文档页面样式,如图 2.14 所示。

图 2.14 "页面布局"功能区

4. "引用"功能区

"引用"功能区包括目录、脚注、引文与书目、题注、索引和引文目录几个组,用于实现在 Word 2010 文档中插入目录等比较高级的功能,如图 2.15 所示。

5. "邮件"功能区

"邮件"功能区包括创建、开始邮件合并、编写和插入域、预览结果和完成几个组,该功能区的作用比较专一，专门用于在 Word 2010 文档中进行邮件合并方面的操作，如图 2.16 所示。

图 2.15　"引用"功能区

图 2.16　"邮件"功能区

6. "审阅"功能区

"审阅"功能区包括校对、语言、中文简繁转换、批注、修订、更改、比较和保护几个组，主要用于对 Word 2010 文档进行校对和修订等操作，适用于多人协作处理 Word 2010 长文档，如图 2.17 所示。

图 2.17　"审阅"功能区

7. "视图"功能区

"视图"功能区包括文档视图、显示、显示比例、窗口和宏几个组，主要用于帮助用户设置 Word 2010 操作窗口的视图类型，以方便操作，如图 2.18 所示。

图 2.18　"视图"功能区

8. "加载项"功能区

"加载项"功能区包括菜单命令一个分组，加载项是可以为 Word 2010 安装的附加属性，如自定义的工具栏或其他命令扩展。"加载项"功能区则可以在 Word 2010 中添加或删除加载项。

2.2　文档的基本操作

2.2.1　新建和保存文档

新建 Word 2010 文档的方式如下。

一、当第一次启动后会自动新建一个空白文档。

二、通过"文件"选项卡新建文档。

1. 单击"文件"选项卡。

2. 单击"新建"。

3. 双击"空白文档"。

三、从模板创建文档。

Office.com 中的模板网站为许多类型的文档提供模板，包括简历、求职信、商务计划、名片和 APA 样式的论文。

1. 单击"文件"选项卡。

2. 单击"新建"。

3. 在"可用模板"下，执行下列操作之一。

● 单击"样本模板"以选择计算机上的可用模板。

● 单击 Office.com 下的链接之一。若要下载 Office.com 下列出的模板，必须已连接到 Internet。

4. 双击所需的模板。

保存 Word 文档的方式如下。

1. 单击快速访问工具栏中 ■ ゥ・ ゥ・ 的"保存"按钮。

2. 使用快捷组合键"Ctrl+S"即可。

3. 通过文件按钮菜单保存文档。

当第一次对 Word 文档进行保存时会弹出如图 2.19 所示的对话框。可对文档名称和类型进行修改，也可确认保存的路径。

图 2.19　文档保存对话框

2.2.2　文档视图的五种方式

在使用 Word 编辑文档的时候，可能会需要用不同的方式来查看文档的编辑效果。因此，Word 提供了几种不同的查看方式来满足用户不同的需要，这就是 Word 的视图功能。通过视图功能区可进行视图的切换，如图 2.20 所示。

图 2.20　视图功能区

页面视图，该视图适用于概览整个文章的总体效果，进行 Word 的各种操作。是一种使用得最多的视图方式之一。

阅读版式视图，这种视图方式下最适合阅读长篇文章，在该视图下同样可以进行文字的编辑工作，而且视觉效果好，眼睛不会感到疲劳。

Web 版式视图，使用这种版式可快速预览当前文本在浏览器中的显示效果，如果要编排网页版式文章，可以将视图方式更改为 Web 版式，这种视图下，编排出的文章样式与最终在 Web 页面中显示的样式是相同的，从而使我们可以更直观地进行编辑。

大纲视图，一般用大纲视图来查看和处理文档的结构，它特别适合编辑那种含有大量章节的长文档，能让文档层次结构清晰明了，并可根据需要进行调整。

草稿视图，查看草稿形式文档，以便快速编辑文本。在该视图模式下不会显示某些文档元素，如页面、页脚等。

2.3　文　本　编　辑

2.3.1　文本的输入及符号的插入

在 Word 文档中，有一条闪烁的竖线，这就是我们所说的光标位置。

在 Word 2010 中输入文本的操作步骤如下。

（1）将光标定位到要输入文本的位置。如图 2.21 所示。

注意

使用鼠标定位光标最为简单方便，只需鼠标左键单击目标的位置即可。

（2）光标定位确定后，即可在光标位置处输入文本。

一般的英文字母以及键盘上有的符号只需按相应的键即可录入。进行中文录入之前需切换到需要的输入法。切换输入法的操作方法是在中文 Windows 中，通过按下"Ctrl+Shift"键可以切换各种已经安装好的中文输入法。

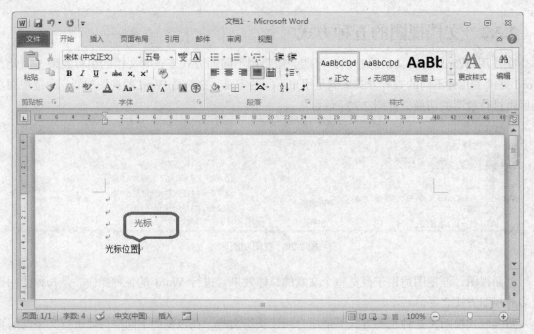

图 2.21　定位光标

　　　　录入文本时，当输入内容超过页面宽度时，Word 会自动换行。当录入完一段文字后，按 Enter 键可强制换行，即开始一个新的段落。

输入法介绍如下。

在 Windows 任务栏中的"输入法"下拉菜单里中列出了当前系统中可以选择使用的各种中文输入法，它们各自的操作方法、编码方式是不一样的，用户可以根据本小节所讲的内容来选择。

1. "五笔型码"输入法

"五笔型码"就是著名的"王码五笔字型输入法"，是目前使用最广的一种中文文字输入方法，它可让用户以极快的速度输入中文，是许多部门要求录入员必须掌握的输入法之一。

2. 智能 ABC 输入法

这是一种非常灵活的输入法，但却很复杂，用户可以按下列内容进行操作。

（1）如果用户对汉语拼音比较熟练，可以使用全拼输入法。

（2）如果用户对汉语拼音把握不甚准确，可以使用简拼输入。该输入法将取各个音节的第一个字母进行编码，对于 zh、ch、sh（知、吃、诗）音节，则可以取前两个字母组成。例如："计算机"全拼是 jisuanji，简拼是 jsj。"长城"全拼是 changcheng，简拼是 cc 或 cch、chc、chch。此输入法能够快速输入许多中文文字与词组，而且学习容易，适用于对汉语拼音有些了解，而又没有时间学习其他输入法的读者。参阅下面的"混拼输入"。

（3）作为对简拼输入的补充，还可以混拼输入。即对于两个音节以上的词语，有的音节全拼，有的音节简拼。例如："金沙江"的全拼是 jinshajiang，混拼是 jinsj 或 jshaj。

（4）对于不会汉语拼音的读者，或者不知道某字的读音时，可以使用笔形输入。不过，使用此方法的时候将会非常少。

（5）如果用户对上述各输入法比较熟悉，不妨采用音形混合输入。此方法的规则是：

（拼音+[笔形描述]）+（拼音+[笔形描述]）+……+（拼音+[笔形描述]）

其中，"拼音"可以是全拼、简拼或混拼。对于多音节词的输入，"拼音"一项是不可少的；"[笔形描述]"项可有可无，最多不超过 2 笔。对于单音节词或字，允许纯笔形输入。由此可见，要掌握此输入法需要花费大量的时间，因此大多数人难以接受。

（6）智能 ABC 为专业录入人员提供了一种快速的双打输入。其规则是：一个汉字在双打方式下，只需要击键两次：奇次为声母，偶次为韵母。要进入双打方式，用户只需要单击智能 ABC 输入法标题栏显示的"标准"按钮，让它变成"双打"即可。此后若"双打"按钮，可以返回"标准"方式。有些汉字只有韵母，称为零声母音节：奇次键入"O"字母（O 被定义为零声母），偶次为韵母。虽然击键为两次，但是在屏幕上显示的仍然是一个汉字规范的拼音。

3. 全拼输入法

同上智能 ABC 所述。

4. 双拼输入法

双拼输入法与全拼输入法基本上相同。只是双拼输入法简化了全拼输入法的拼音规则，每一个汉字只需用两个拼音字母来表示，这两个拼音字母分别表示声母和韵母。双拼输入法不但支持 GB2312 字符集的汉字及词语输入，而且支持汉字扩展内码规范——GBK 中规定的全部汉字 。例如："张"的全拼是 zhang，双拼是 zh。

5. 微软拼音输入法

这是一种汉语拼音语句输入法，可以连续输入汉语语句的拼音，Windows 会自动选出拼音所对应的最可能的汉字，免去逐字逐词进行同音选择的麻烦。

6. "郑码"输入法

"郑码"也是一种形码，形码就是根据汉字的形态信息，赋予每个字或词一个代码。郑码输入法利用字形信息编码，确立了"笔画—字根—整字—词语"这样一个检索序列。就是说，用几种笔画的笔形来率领上百个字根，用上百个字根率领上万个汉字，用上万个汉字率领数万条词语。

综上所述，如果用户对汉语拼音比较熟悉的话，可选择拼音输入法，比如，智能 ABC 输入法、全拼输入法、双拼输入法。如果用户要想提高输入速度，做一个专业录入员，满足大多数的部门的要求，还是要学习"五笔字型"输入法。

插入符号的方法如下。

方法一：选择"插入"功能区→"符号"命令，打开"特殊符号"对话框，通过设置"字体"和"子集"可以查找到大量的特殊符号，进行选择输入。如图 2.22 所示。

图 2.22　符号对话框

方法二：软键盘法。打开任意一种中文输入法，右击输入法状态条右侧的小键盘，在随后弹出的快捷菜单中，选择需要的符号菜单项（如"希腊字母"等），打开相应的软键盘，选择输入即可。如图 2.23 所示。

图 2.23　软键盘法——希腊字母

2.3.2　选定任意文本

若要对文档中某段文字进行编辑操作，则先要选定它。选定文本最直接的方法就是使用鼠标来完成。

在文档中从需要选取的起始位置拖动鼠标到终止位置，起始位置和终止位置之间的文本被选取。将光标定位到起始位置，按住 Shift 键，移动鼠标到终止位置单击鼠标左键。起始位置和终止位置之间的文本被选中。

双击某个词语该词语被选取。

在一段文本中，点击鼠标左键三次可选取这段文本。

将鼠标指针移到某行左侧，鼠标指针变为时 ⁄⁄，单击可选定该行。

将鼠标指针移到某行左侧，鼠标指针变为时 ⁄⁄，双击可选定该段。

将鼠标指针移到某行左侧，鼠标指针变为时 ⁄⁄，按住左键向上或向下拖动鼠标可选定多行。

将鼠标指针移到某行左侧，鼠标指针变为时 ⁄⁄，单击鼠标左键三次可选定整篇文档。

按住 Ctrl 键，用鼠标单击某行，该行所在的一句文字（以句号为界）被选取。

按住 Alt 键，拖动鼠标可选定垂直的矩形区域内的一块文字。

2.3.3　文本的复制、移动和删除

在文档编辑的过程中，常常需要对文本进行复制、移动和删除等操作。

在文档中经常需要重复输入文本时，可以使用复制文本的方法进行操作以节省时间，加快输入和编辑的速度。复制文本可采用如下几种方式。

1. 选取需要复制的文本，在"开始"选项卡的"剪贴板"组中，单击"复制"按钮，在目标位置处，单击"粘贴"按钮。

2. 选取需要复制的文本，按 Ctrl+C 组合键，把插入点移到目标位置，再按 Ctrl+V 组合键。

3. 选取需要复制的文本，按下鼠标右键拖动到目标位置，松开鼠标会弹出一个快捷菜单，从中选择"复制到此位置"命令。

4. 选取需要复制的文本，右击，从弹出的快捷菜单中选择"复制"命令，把插入点移到目标位置，右击，从弹出的快捷菜单中选择"粘贴"命令。

移动文本的操作与复制文本类似，唯一的区别在于，移动文本后，原位置的文本消失，而复

制文本后，原位置的文本仍在。移动文本可采用如下几种方式。

1. 选择需要移动的文本，按 Shift+Delete 组合键，在目标位置处按 Ctrl+V 组合键来实现移动操作。

2. 选择需要移动的文本后，按下鼠标左键不放，此时鼠标光标变为形状，并出现一条虚线，移动鼠标光标，当虚线移动到目标位置时，释放鼠标即可将选取的文本移动到该处。

3. 选择需要移动的文本，在"开始"选项卡的"剪贴板"组中，单击"剪切"按钮，在目标位置处，单击"粘贴"按钮。

4. 选取需要复制的文本，按下鼠标右键拖动到目标位置，松开鼠标会弹出一个快捷菜单，从中选择"称动到此位置"命令。

5. 选取需要复制的文本，右击，从弹出的快捷菜单中选择"剪切"命令，把插入点移到目标位置，右击，从弹出的快捷菜单中选择"粘贴"命令。

在文档编辑的过程中，需要对多余或错误的文本进行删除操作。对文本进行删除，可使用以下方法。

1. 按 Back space 键删除光标左侧的文本。

2. 按 Delete 键删除光标右侧的文本。

3. 选择需要删除的文本，在"开始"选项卡的"剪贴板"组中，单击"剪切"按钮即可。

2.3.4　文本编辑的撤销与恢复操作

如果要撤销最后一步操作，可以直接单击快速访问工具栏中的"撤销"按钮 ↻ 。如果要撤销多个误操作，可单击"撤销"按钮旁边的箭头，查看最近进行的可撤销操作列表。然后单击要撤销的操作。如果该操作目前不可见，可滚动列表来查找。撤销操作也可以使用快捷键 Ctrl+Z。

如果撤销以后又认为不该撤销该操作，这时就需要使用恢复操作。

恢复的方法是：单击快速访问工具栏上的"恢复"按钮 ↺ 恢复被撤销的操作，重复单击可恢复被撤销的多步操作。恢复操作也可以使用快捷键 Ctrl+Y。

2.3.5　文本格式的设置

文本格式包括字符格式和段落格式，字符格式是指文本中的字体、字号、字形以及颜色等属性的设置；段落格式则是指段落的缩放、对齐方式等属性。

设置字符格式可使用开始功能区中的"字体"选项卡和"字体"对话框。

1. 使用开始功能区中的"字体"选项卡设置字符格式的操作步骤如下。如图 2.24 所示。

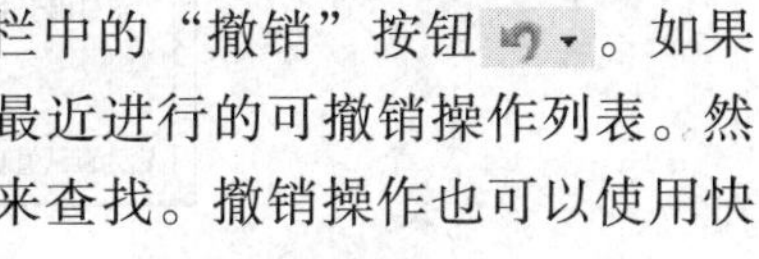

图 2.24　字体选项卡

（1）选中需要应用字符格式的文本。

（2）单击开始功能区中的"字体"选项卡上的"字体"列表框中的字体选项，可为选中文本设置字体格式。

（3）单击开始功能区中的"字体"选项卡上的"字号"列表框中的字号选项，可为选中文本设置字号格式。

（4）单击开始功能区中的"字体"选项卡上的"字体颜色"列表框中的颜色块，可为选中的文本添加颜色。

（5）单击开始功能区中的"字体"选项卡上的粗体、斜体、下划线按钮，可为选中文本添加对应的格式。

2. 使用"字体"对话框为文本设置格式的操作步骤如下。如图 2.25 所示。

图 2.25　字体对话框

（1）选中需要设置格式的文本。

（2）鼠标右键弹出菜单，选择字体菜单，打开"字体"对话框。

（3）在"中文字体"下拉列表框中设置中文字体样式。

（4）在"西文字体"下拉列表框中设置西文字体样式。

（5）在"字形"列表框中选择需要的字形。

（6）在"字号"列表框中选择所需的字号大小。

（7）在"字体颜色"下拉列表框中选择需要的文字颜色。

（8）在"下划线线型"下拉框中选择所需的下划线线型。

（9）单击"确定"按钮。

2.3.6　段落格式的设置

段落格式是文档段落的属性。在 Word 2010 中一个回车号就是一个段落标记，一定数量的文字和后面的段落标记就组成了一个段落。段落标记不但标记了一个段落，而且记录了段落的格式信息。

设置段落格式的操作步骤如下。

（1）选定要设置格式的段落。

（2）鼠标右键弹出菜单，选择段落菜单，打开"段落"对话框，如图 2.26 所示。

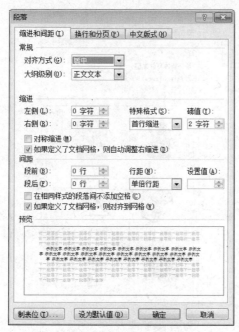

图 2.26　段落对话框

（3）选择"缩进与间距"选项卡。

（4）在"缩进"栏中选定或输入左缩进、右缩进和特殊格式等选项。

（5）在"对齐方式"下拉框中选择所需的对齐方式。

（6）在"间距"栏中输入"段前"和"段后"的间距值。

（7）设置好后，单击"确定"按钮。

2.3.7　对齐方法的设置

对齐方式有：两端对齐、居中、左对齐、右对齐、分散对齐。对齐方式的操作如下：选定要设置对齐方式的文本，在"格式"工具栏上单击按钮来实现。例如：▤是两端对齐按钮，▤是居中按钮，▤是右对齐按钮，▤是分散对齐按钮。

2.4　插入图形、文本框和艺术字

2.4.1　插入图片

图片的种类和插入的方法很多，下面一一进行介绍。

一、插入剪贴画

从剪辑库中插入剪贴画的方法如下。

（1）将插入点放在需要插入剪贴画的位置。

（2）切换到插入功能区单击"剪贴画"命令，弹出"剪贴画"对话框。

（3）在对话框上边的"搜索文字"文本框中输入图片的关键字，单击"搜索"按钮进行搜索，关键字可为空。如图 2.27 所示。

图 2.27　剪贴画对话框

（4）单击选定需要插入的剪贴画，即可将剪贴画插入文档中。

二、从文件插入图片

如果需要将其他文件中的图片插入文档中，可执行以下操作。

（1）将插入点移到需要插入图像的位置。

（2）切换到插入功能区单击"图片"命令，打开"插入图片"对话框，如图 2.28 所示。

图 2.28　插入图片对话框

（3）在"查找范围"下拉列表框中搜索到图片的位置。

（4）双击要插入的图像文件名，选取的图片便插入到插入点位置了。

2.4.2　文本框的插入和使用

文本框是一种图形对象，是存放文本或图形的容器，可放置在页面的任何位置，并可随意调整大小。Word 2010 中提供两种形式的文本框，内置式文本框与绘制式文本框。可根据需要进行选择。切换到插入功能区，单击"文本框"命令的下拉箭头，弹出文本框对话框，如图 2.29 所示。

这里是绘制的横排文本框。可设置文本格式、调整文本框的大小

这里是绘制的竖排文本框。可设置文本格式、调整文本框的大小

图 2.29　文本框对话框

文本框是一独立的对象，框中的文字和图片可随文本框移动。光标放在文本框边上，拖动，改变文本框大小。在空白处输入字。若要设置文本框的格式，选中文本框，Word 2010 会自动加载绘图工具——格式功能区，在该功能区中可对文本框的格式进行设置，如图 2.30 所示。

图 2.30　图片格式功能区

2.4.3　艺术字的插入和使用

艺术字是一个文字样式库，用户可以将艺术字添加到 Word 文档中以制作出装饰性效果，如

带阴影的文字或镜像（反射）文字。可以使用艺术字为文档添加特殊文字效果。例如，可以拉伸标题、对文本进行变形、使文本适应预设形状，或应用渐变填充。相应的艺术字将成为用户可以在文档中移动或放置在文档中的对象，以此添加文字效果或进行强调。用户可以随时修改艺术字或将其添加到现有艺术字对象的文本中。

一、添加艺术字

1. 在"插入"选项卡上的"文字"组中，单击"艺术字"，然后单击所需艺术字样式，如图 2.31 所示。

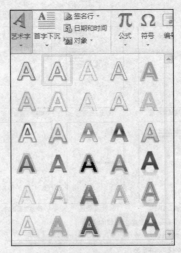

图 2.31　艺术字对话框

2. 输入用户的文字。

二、删除艺术字

选择要删除的艺术字，然后按 Delete 键。

三、设置艺术字样式

在"绘图工具"下，在"格式"选项卡上的"艺术字样式"组中，单击"快速样式"或"其他"按钮，可进行艺术字样式设置，如图 2.32 所示。

艺术字示例

图 2.32　艺术字示例

2.4.4 · SmartArt 图形的插入和使用

SmartArt 图形是信息的可视表示形式，用户可以从多种不同布局中进行选择，从而快速轻松地创建所需形式，以便有效地传达信息或观点。

虽然使用插图有助于更好地理解和记忆并使操作易于应用，但是人们通过 Microsoft Office 2010 程序创建的大部分内容还是文字。创建具有设计师水准的插图很困难，尤其是当用户本人是非专业设计人员或者聘请专业设计人员对于用户来说过于昂贵时。如果用户使用的 Microsoft Office 版本早于 Office 2007，则可能要花费大量时间进行以下操作：使各形状大小相同并完全对齐；使文字正确显示；手动设置形状的格式使其与文档的总体样式相匹配。通过使用 SmartArt 图形，只需轻点几下鼠标即可创建具有设计师水准的插图。

一、创建 SmartArt 图形时要考虑的内容

在创建 SmartArt 图形之前，对那些最适合显示用户数据的类型和布局进行可视化。希望通过 SmartArt 图形传达哪些内容？是否要求特定的外观？由于用户可以快速轻松地切换布局，因此可以尝试不同类型的不同布局，直至用户找到一个最适合对用户的信息进行图解的布局为止。用户的图形应该清楚和易于理解。可以从表 2.1 开始尝试不同的类型。该表只是帮助用户开始进行尝试，并不是一个详尽的列表。

表 2.1　　　　　　　　　　　　　　图形的用途及类型

图形的用途	图形类型
显示无序信息	列表
在流程或日程表中显示步骤	流程
显示连续的流程	循环
显示决策树	层次结构
创建组织结构图	层次结构
图示连接	关系
显示各部分如何与整体关联	矩阵
显示与顶部或底部最大部分的比例关系	棱锥图
绘制带图片的族谱	图片

此外，还要考虑信息的文字量，因为文字量通常决定了所用布局以及布局中所需的形状个数。通常，在形状个数和文字量仅限于表示要点时，SmartArt 图形最有效。如果文字量较大，则会分散 SmartArt 图形的视觉吸引力，使这种图形难以直观地传达用户的信息。但某些布局（如"列表"类型中的"梯形列表"）适用于文字量较大的情况。

某些 SmartArt 图形布局包含的形状个数是固定的。例如，"关系"类型中的"反向箭头"布局用于显示两个对立的观点或概念。只有两个形状可与文字对应，并且不能将该布局改为显示多个观点或概念。如图 2.33 所示。

如果需要传达两个以上的观点，可以切换具有两个以上可用于文字的形状的布局，例如"棱锥图"类型中的"基本棱锥图"布局。请记住，更改布局或类型会改变信息的含义。例如，带有右向箭头的布局（如"流程"类型中的"基本流程"）和带圆环箭头的 SmartArt 图形布局（如"循环"类型中的"连续循环"）具有不同的含义。

二、创建 SmartArt 图形并向其中添加文字

1. 在"插入"选项卡的"插图"组中，单击"SmartArt"。如图 2.34 所示。

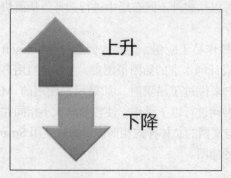

图 2.33 具有两个对立观点的"反向箭头"布局

图 2.34 插入 SmartArt

2. 在"选择 SmartArt 图形"对话框中，单击所需的类型和布局。如图 2.35 所示。

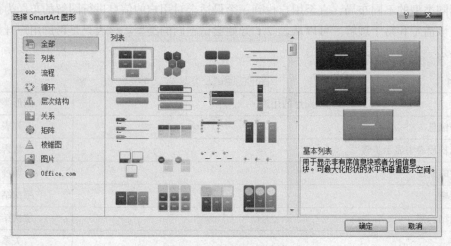

图 2.35 SmartArt 对话框

3. 执行下列操作之一以便输入文字。
- 单击"文本"窗格中的"[文本]"，然后键入文本。
- 从其他位置或程序复制文本，单击"文本"窗格中的"[文本]"，然后粘贴文本。

- 如果看不到"文本"窗格，请单击如图 2.36 所示的控件。

提示

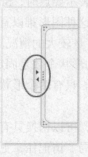

图 2.36 SmartArt 控件

- 若要在靠近 SmartArt 图形或该图形顶部的任意位置添加文本，请在"插入"选项卡上的"文本"组中单击"文本框"，插入文本框。如果只希望显示文本框中的文本，请右键单击用户的文本框，单击"设置形状格式"或"设置文本框格式"，然后将该文本框设置为没有背景色和边框。
- 单击 SmartArt 图形中的一个框，然后键入文本。为了获得最佳结果，请在添加需要的所有框之后再使用此选项。

三、在 SmartArt 图形中添加或删除形状

1. 单击要向其中添加另一个形状的 SmartArt 图形。
2. 单击最接近新形状的添加位置的现有形状。
3. 在"SmartArt 工具"下的"设计"选项卡上，在"创建图形"组中单击"添加形状"下的箭头，如图 2.37 所示。
4. 执行下列操作之一。
- 若要在所选形状之后插入一个形状，请单击"在后面添加形状"。
- 若要在所选形状之前插入一个形状，请单击"在前面添加形状"。

- 若要从"文本"窗格中添加形状，请单击现有窗格，将光标移至文本之前或之后要添加形状的位置，然后按 Enter 键。
- 若要从 SmartArt 图形中删除形状，请单击要删除的形状，然后按 Delete。若要删除整个 SmartArt 图形，请单击 SmartArt 图形的边框，然后按 Delete 键。
- 若要从"文本"窗格中添加形状，请单击现有窗格，将光标移至文本之前或之后要添加形状的位置，然后按 Enter 键。
- 若要从 SmartArt 图形中删除形状，请单击要删除的形状，然后按 Delete 键。若要删除整个 SmartArt 图形，请单击 SmartArt 图形的边框，然后按 Delete 键。

四、更改整个 SmartArt 图形的颜色

可以将来自主题颜色（主题颜色：文件中使用的颜色的集合。主题颜色、主题字体和主题效果三者构成一个主题）的颜色变体应用于 SmartArt 图形中的形状。

1. 单击 SmartArt 图形。
2. 在"SmartArt 工具"下的"设计"选项卡上，单击"SmartArt 样式"组中的"更改颜色"。如图 2.38 所示。

图 2.37　SmartArt 设计选项卡

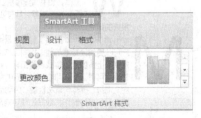

图 2.38　SmartArt 样式

3. 单击所需的颜色变体。

五、将 SmartArt 样式应用于 SmartArt 图形

"SmartArt 样式"是各种效果（如线型、棱台或三维）的组合，可应用于 SmartArt 图形中的形状以创建独特且具专业设计效果的外观。

1. 单击 SmartArt 图形。

2. 在"SmartArt 工具"下"设计"选项卡上的"SmartArt 样式"组中，单击所需的 SmartArt 样式。

- 若要从空白布局开始，请删除"文本"窗格中的所有占位符文本（如"[文本]"），或者先按快捷键［Ctrl+A］再按 Delete 键。
- 若要调整整个 SmartArt 图形的大小，请单击 SmartArt 图形的边框，然后向里或向外拖动尺寸控点，直至 SmartArt 图形达到用户所需的大小。

2.5 排 版 文 档

2.5.1 设置首字下沉和水印

选取要设置首字下沉的文本段落，切换到插入功能区点击"首字下沉"命令，弹出"首字下沉"对话框，如图 2.39 所示。

单击"下沉"或"悬挂"选项。

选择首字下沉选项，弹出首字下沉对话框。可对下沉效果进行设置，如图 2.40 和图 2.41 所示。

图 2.39　首字下沉

图 2.40　首字下沉对话框

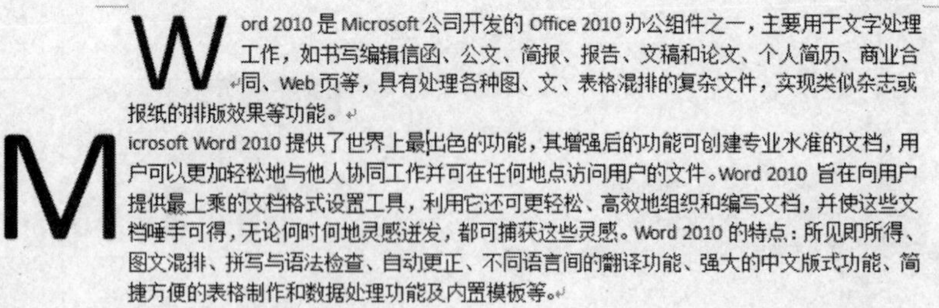

Word 2010 是 Microsoft 公司开发的 Office 2010 办公组件之一，主要用于文字处理工作，如书写编辑信函、公文、简报、报告、文稿和论文、个人简历、商业合同、Web 页等，具有处理各种图、文、表格混排的复杂文件，实现类似杂志或报纸的排版效果等功能。

Microsoft Word 2010 提供了世界上最出色的功能，其增强后的功能可创建专业水准的文档，用户可以更加轻松地与他人协同工作并可在任何地点访问用户的文件。Word 2010 旨在向用户提供最上乘的文档格式设置工具，利用它还可更轻松、高效地组织和编写文档，并使这些文档唾手可得，无论何时何地灵感迸发，都可捕获这些灵感。Word 2010 的特点：所见即所得、图文混排、拼写与语法检查、自动更正、不同语言间的翻译功能、强大的中文版式功能、简捷方便的表格制作和数据处理功能及内置模板等。

图 2.41　首字下沉示例

2.5.2 设置分栏排版

分栏是将整页或整段的文本分成几栏，如图 2.42 所示。

Word 2010 是 Microsoft 公司开发的 Office2010 办公组件之一,主要用于文字处理工作,如书写编辑信函、公文、简报、报告、文稿和论文、个人简历、商业合同、Web 页等,具有处理各种图、文、表格混排的复杂文件,实现类似杂志或报纸的排版效果等功能。Microsoft Word 2010 提供了世界上最出色的功能,其增强后的功能可创建专业水准的文档,用户可以更加轻松地与他人协同工作并可在任何地点访问用户的文件。

Word 2010 旨在向用户提供最上乘的文档格式设置工具,利用它还可更轻松、高效地组织和编写文档,并使这些文档唾手可得,无论何时何地灵感迸发,都可捕获这些灵感。

Word 2010 的特点:所见即所得、图文混排、拼写与语法检查、自动更正、不同语言间的翻译功能、强大的中文版式功能、简捷方便的表格制作和数据处理功能及内置模板等。

图 2.42　分栏示例

如果要实现整页分栏,则光标放在文档任意处,如果一段分栏,则选定要分栏的段落。具体操作如下。

(1)切换到页面布局→"页面设置"选项,单击"分栏"命令下拉箭头。选择分栏样式。在"预设"框内选择分栏的形式。"栏数"用于设定分栏的数目,可以设置每一栏的宽度和间距,如图 2.43 所示。

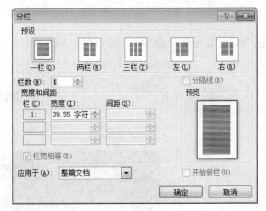

图 2.43　分栏对话框

(2)如果要删除分栏就选一栏,然后"确定"即可。

2.5.3　图文混排

Word 2010 支持图文混排,这是非常重要的一个特点,可以使文档内容更加精彩,且文档中的图片与文字的位置可以根据需要灵活掌握。

可以插入外部图片文件,或 Word 2010 自带的剪辑库中插入图片,下面以在插入剪辑库内的剪贴画为例,介绍图文混排的方法。

(1)将插入点放在需要插入剪贴画的位置。

(2)切换到插入功能区单击"剪贴画"命令,弹出"剪贴画"对话框。

(3)在对话框上边的"搜索文件"文本框中输入图片的关键字,单击"搜索"按钮进行搜索。

(4)选择想要的剪贴画,单击即可将其插入到文档中,如图 2.44 所示。

(5)关闭"剪贴画"任务窗格,单击文档中的剪贴画,Word 2010 会自动加载绘图工具—格式功能区,在该功能区中可对文本框的格式进行设置。

(6)单击"图片"工具栏上的"文字环绕"按钮,即可看到如图 2.45 所示的"文字环绕"下拉列表。

如梦令

【宋】李清照

昨夜雨疏风骤，浓睡不消残酒。试问卷帘人，却道"海棠依旧"。"知否？知否？

应是绿肥红瘦。"

【简析】

本篇是李清照早期的词作之一。词中充分体现出作者对大自然、对春天的热爱。这是一首小令，内容也很简单，它写的是春夜里大自然经历了一场风吹雨打，词人预感到庭园中的

图 2.44　插入剪贴画

（7）单击"四周型环绕"命令，得到如图 2.46 所示的文档。

如梦令

【宋】李清照

昨夜雨疏风骤，浓睡不消残酒。试问卷帘人，却道"海棠依旧"。"知否？知否？应是绿肥红瘦。"

【简析】

　　本篇是李清照早期的词作之一。词中充分体现出作者对大自然、对春天的热爱。这是一首小令，内容也很简单。它写的是

春夜里大自然经历了一场风吹雨打，词人预感到庭园中的花木必然是绿叶繁茂，花事凋零了。因此，翌日清晨她急切地向"卷帘人"询问室外的变化，粗心的"卷帘人"却答之以"海棠依旧"。对此，词人禁不住连用两个"知否"与一个"应是"来纠正其观察的粗疏与回答的错误。"绿肥红瘦"一句，形象地反映出作者对春天将逝的惋惜之情。

图 2.45　文字环绕　　　　　　　　图 2.46　文字环绕示例

如果想把图片放置在文字的上面或下面，单击自动换行命令下拉菜单中的"浮于文字上方"命令，图片就位于文字上方了，从同样的菜单中选择"衬于文字下方"命令，图片就到文字的下方了。

　　插入的图形都是矩形的，文字也就环绕着这个矩形排列。如果插入的图形是其他形状，让文字随图形的轮廓来排列会有更好的效果。选择图片，切换到图片功能区单击自动换行命令下拉菜单中的，单击"编辑环绕顶点"命令，在图片的周围出现了红色的虚线边框和 4 个句柄，现在这个虚线边框就是图片的文字环绕的依据。把鼠标移动到句柄上，按下左键拖动，可以改变句柄和

框线的位置；在框线上按下左键并拖动，可以看到在鼠标所在的地方会添加一个句柄，这样调整边框到适当的位置。

2.5.4 图片工具栏的使用

插入文档的图片，利用图片工具功能选项卡的命令可以进行剪裁、添加或修改边框和底纹、调整图片高度和对比度等编辑工作。图片工具功能选项卡如图 2.47 所示。

图 2.47 图片工具功能选项卡

"图片"工具栏中各部分按钮的功能如下。

一、删除背景

在 Word 2010 中，用户可以删除图片的背景，以强调或突出图片的主题，或删除杂乱的细节，如图 2.48 和 2.49 所示。

图 2.48 原始图片

图 2.49 删除了背景的同一张图片

可以使用自动背景删除，也可以使用一些线条画出图片背景的哪些区域要保留，哪些要删除，如图 2.50 所示。

图 2.50　显示背景删除线的原始图片

1. 单击要从中删除背景的图片。

2. 在"图片工具"下，在"格式"选项卡上的"调整"组中，单击"背景消除"。如果没有看到"背景消除"或"图片工具"选项卡，请确保选择了图片。用户可能必须双击图片才能选择它并打开"格式"选项卡，如图 2.51 所示。

图 2.51　删除背景

3. 单击点线框线条上的一个句柄，然后拖动线条，使之包含用户希望保留的图片部分，并将大部分希望删除的区域排除在外，如图 2.52 所示。

图 2.52　显示背景删除线和控点的图片

大多数情况下，用户不需要执行任何附加操作，而只要不断尝试点线框线条的位置和大小，就可以获得满意的结果。

4. 如有必要，请执行下列一项或两项操作。

若要指示用户不希望自动删除的图片部分，请单击"标记要保留的区域"。

若要指示除了自动标记要删除的图片部分外，哪些部分用户确实还要删除，请单击"标记要删除的区域"。

　　如果用户对线条标出的要保留或删除的区域不甚满意，想要更改它，请单击"删除标记"，然后单击线条进行更改，如图 2.53 所示。

图 2.53　"背景消除"选项卡

5. 单击"关闭"组中的"保留更改"。

　　若要取消自动背景删除，请单击"关闭"组中的"放弃所有更改"。

二、更正

可以调整图片的相对光亮度（亮度）、图片最暗区域与最亮区域间的差别（对比度）以及图片的模糊度。这些调整也称为颜色修正。

通过调整图片亮度可以使曝光不足或曝光过度图片的细节得以充分表现，通过提高或降低对比度可以更改明暗区域分界的定义。为了增强照片细节，可以锐化图片或删除可柔化图片上的多余斑点，如图 2.54 所示。

图 2.54　原始图片（左）和增加了亮度、对比度的同一张图片（右）

三、颜色

更改图片颜色、透明度或对图片重新着色以提高质量和文档匹配。调整图片的颜色浓度（饱和度）和色调（色温）、对图片重新着色或者更改图片中某个颜色的透明度。可以将多个颜色效果应用于图片，如图 2.55、图 2.56、图 2.57 和图 2.58 所示。

图 2.55　粉色花卉的原始图片

图 2.56　"颜色饱和度"改为 66% 的同一张图片

图 2.57　具有用水绿色重新着色效果的同一张图片

图 2.58　具有用红色重新着色效果的同一张图片

1. 更改图片的颜色浓度

饱和度是颜色的浓度。饱和度越高，图片色彩越鲜艳；饱和度越低，图片越黯淡。

（1）单击要为其更改颜色浓度的图片。

（2）在"图片工具"下，"格式"选项卡上的"调整"组中，单击"颜色"。如图 2.59 所示。

图 2.59　图片工具颜色调整

（3）若要选择其中一个最常用的"颜色饱和度"调整，请单击"预设"，然后单击所需的缩略图。

（4）若要微调浓度，请单击"图片颜色选项"。

2. 更改图片的色调

当相机未正确测量色温时，图片上会显示色偏（一种颜色支配图片过多的情况），这使得图片看上去偏蓝或偏橙。用户可以通过提高或降低色温从而增强图片的细节来调整这种状况，并使图片看上去更好看。

（1）单击要为其更改色调的图片。

（2）在"图片工具"下，"格式"选项卡上的"调整"组中，单击"颜色"。

（3）若要选择其中一个最常用的"色调"调整，请单击"预设"，然后单击所需的缩略图。

（4）若要微调浓度，请单击"图片颜色选项"。

3. 图片重新着色

可以将一种内置的风格效果（如灰度或褐色色调）快速应用于图片。

（1）单击要重新着色的图片。

（2）在"图片工具"下，"格式"选项卡上的"调整"组中，单击"颜色"。

（3）若要选择其中一个最常用的"重新着色"调整，请单击"预设"，然后单击所需的缩略图。

（4）若要使用更多的颜色，包括主题颜色（主题颜色：文件中使用的颜色的集合。主题颜色、主题字体和主题效果三者构成一个主题。）的变体、"标准"选项卡上的颜色或自定义颜色，请单击"其他变体"，将使应用使用颜色的变体重新着色。

4. 更改颜色的透明度

可以使图片的一部分透明（透明度：定义能够穿过对象像素的光线数量的特征。如果对象是百分之百透明的，光线将能够完全穿过它，造成无法看见对象；换句话说，就是可以穿过对象看到后面的东西），以便更好地显示层叠在图片上的任何文本、使图片相互层叠或者删除或隐藏部分图片以进行强调。

图片中的透明区域的颜色与打印图片使用的纸张颜色相同。在电子显示（如网页）中，透明区域的颜色与背景色相同。

不能使图片中的多种颜色变成透明的。因为表面上看来是单色的区域（如蓝天）可能实际上由一系列具有细微差别的颜色变体构成，所以以用户选择的颜色可能仅出现在小块区域中。基于这个原因，可能很难看到透明效果。

可以在其他图像编辑程序中将图片中的多种颜色变透明，并用可以保留透明度信息的格式（如可移植网络图形（.png）（PNG：一种图形文件格式，由某些万维网浏览器所支持。可移植网络图形（Portable Network Graphics）的简写。PNG 支持各种图像透明度以及不同计算机上的图像亮度控制。PNG 文件是压缩的位图）文件）保存图片，然后将该文件插入 Office 文档中。

（1）单击要在其中创建透明区域的图片。

（2）在"图片工具"下，"格式"选项卡上的"调整"组中，单击"颜色"。

（3）单击"设置透明色"，然后单击图片或图像中要使之变透明的颜色。

　　不能使用"设置透明色"选项来使整个图像变成透明或半透明的。若要使整个图像变成透明或半透明的，请将一个形状（如矩形）插入 Office 文档中，使用所需的图像对该形状进行图片填充，然后更改图片填充的"透明度"设置。

　　"设置透明色"选项可用于尚不透明的位图（位图：由一系列小点组成的图片，就好像一张方格纸，填充其中的某些方块以形成形状或线条。当存储为文件时，位图通常使用扩展名 .bmp）图片和一些剪贴画（剪贴画：一张现成的图片，经常以位图或绘图图形的组合的形式出现）。不能在动态 GIF（动态 GIF：包含一系列图形交换格式（GIF）图像的文件，这些图像在一些 Web 浏览器中快速连续显示以产生动态效果）图片中创建透明区域。不过，可以在动态 GIF 编辑程序中更改透明度，然后将文件重新插入 Office 文档中。

　　（1）若要删除颜色更改和应用于图片的所有其他效果，请在"调整"组中，单击"重设图片"。

　　（2）也可以添加其他效果，如艺术效果、阴影、映像和发光，或者更改图片的亮度或对比度。

　　（3）虽然一次只能应用一种效果，但可以使用"格式刷"将同样的调整快速应用于多个图片。若要将同样的更改复制到多个图片，请单击刚才添加了效果的图片，双击"开始"选项卡上的"格式刷"，然后单击要应用这些效果的图片。完成后，请按 ESC 键。

四、艺术效果

　　可以将艺术效果应用于图片或图片填充，以使其看起来更像素描、绘图或油画。图片填充是将图片应用到"填充内容"的形状或其他对象。一次只能将一种艺术效果应用于图片，因此，应用不同的艺术效果会删除以前应用的艺术效果。如图 2.60、图 2.61 和图 2.62 所示。

图 2.60　原始图片

图 2.61　具有"影印"效果的同一张图片

图 2.62　具有"铅笔灰度"效果的原始图片

要点：将图片压缩以减小文件的大小会改变源图片中保留的细节量。这意味着压缩后，图片可能与压缩前的外观不同。因此，应先压缩图片和保存文件，然后再应用艺术效果。即使在保存文件后，如果用户对压缩和艺术效果感到不甚满意，则只要尚未关闭所使用的程序，就可以撤销压缩。

（1）单击要对其应用艺术效果的图片。

（2）在"图片工具"下"格式"选项卡上的"调整"组中，单击"艺术效果"，如图 2.63 所示。

图 2.63　"图片工具"下"格式"选项卡上的"调整"组

（3）单击所需的艺术效果。

（4）若要微调艺术效果，请单击"艺术效果选项"。

删除艺术效果

（1）单击具有要删除的艺术效果的图片。

（2）在"格式"选项卡上的"调整"组中，单击"艺术效果"。

（3）在"艺术效果"库中，单击第一个效果"无"。

五、压缩图片

图片会显著增大 Microsoft Office 文档的大小。通过选择图片的分辨率以及图片的质量或压缩可以控制此文件大小。在两者之间进行权衡的简单方法是使图片分辨率与文件用途相符。例如，如果用户要通过电子邮件发送图片，则可通过指定较低的图片分辨率来减小文件大小。另一方面，如果图片质量比文件大小重要，则可指定不压缩图片。

由于图片或数字图像可能很大，并且设置的分辨率高于标准打印机、投影仪或监视器可以显示的分辨率，因此插入图片时会自动将图片取样缩小到更合理的大小。默认情况下，会将图片取样缩小到 220 ppi，这是在"文件"选项卡上设置的高质量打印分辨率。

为文件中的所有图片设置默认图片分辨率，此设置仅适用于当前文件或在"图像大小和质量"旁边的列表中选定的文件中的图片。默认情况下，它设置的目标为"打印（220 ppi）"。

（1）单击"文件"选项卡。

（2）在"帮助"下，单击"选项"，然后单击"高级"。

（3）在"图像大小和质量"下，单击要为其设置默认图片分辨率的文件。

（4）在"将默认目标输出设置为"列表中，单击所需的分辨率。

更改图片的分辨率

如果并不需要图片中的每个像素（像素：计算机的显示硬件用来在屏幕上绘制图像的单个度量单位。这些单位通常显示为小点，组成了屏幕上显示的图片）即可获得适用的可接受图片版本，则可以降低或更改分辨率。降低或更改分辨率对于要缩小显示的图片很有效，因为在这种情况下，这些图片的每英寸的点数（dpi）实际上会增加。更改分辨率会影响图像质量。

（1）单击要更改其分辨率（分辨率：监视器或打印机所产生图像或文字的精细程度）的一张或多张图片。

（2）在"图片工具"下的"格式"选项卡上，单击"调整"组中的"压缩图片"，如图 2.64 所示。

（3）若要仅更改文件中选定图片（而非所有图片）的分辨率，请选中"仅应用于此图片"复选框。

图 2.64　"图片工具"下"格式"
选项卡上的"调整"组

（4）在"目标输出"单击所需的分辨率。

六、更改图片

单击此按钮，可以将原始图片更改为新的图片。

七、重设图片

单击此按钮，可以将图片恢复到原始状态。

2.6　制作表格

表格是最常用的数据处理方式之一，它由许多行和列的单元格构成，在单元格中可以随意添加文字和图形，主要用于输入、输出、显示、处理和打印数据，可以制作各种复杂的表格文档，甚至能帮助用户进行复杂的统计运算和图表化展示等。

2.6.1　插入、删除表格

插入表格

方法一：网格法绘制表格

（1）将光标定位到需要插入表格的地方。

（2）依次单击"插入"选项卡、"表格"，然后将光标移至网格上，直到突出显示合适数目的行和列。如图 2.65 所示。

（3）单击一下，表格便会出现在文档中。

方法二：文本转换法绘制表格

（1）要转换的文本中，在要开始新列的每个位置，插入制表符或逗号。

（2）在要开始新行的每个位置，插入段落标记，如图 2.66 所示。

（3）选择文本。

（4）依次单击"插入"选项卡、"表格"、"将文字转换成表格"。

（5）在"将文字转换成表格"对话框中的"文字分隔位置"下，单击"制表符"或"逗号"，如图 2.67、图 2.68 和图 2.69 所示。

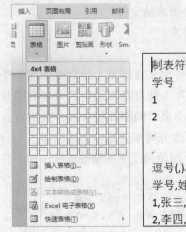

图 2.65　插入表格

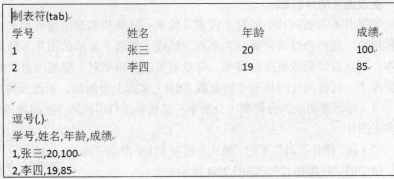

图 2.66　表格示例

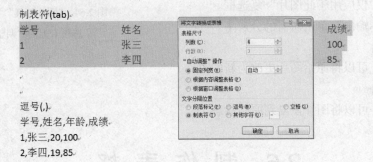

图 2.67　文本转换表格——使用制表符

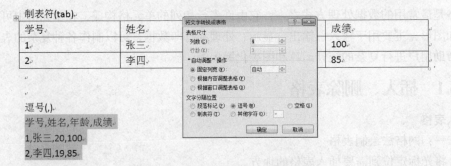

图 2.68　文本转换表格——使用逗号

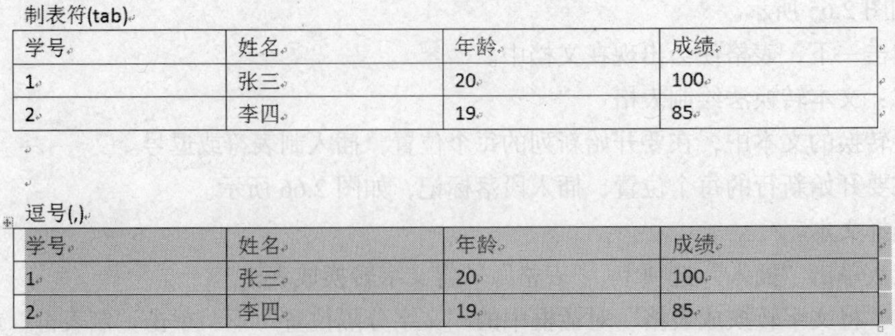

制表符(tab)

学号	姓名	年龄	成绩
1	张三	20	100
2	李四	19	85

逗号(,)

学号	姓名	年龄	成绩
1	张三	20	100
2	李四	19	85

图 2.69　文本转换表格示例

方法三：手动绘制表格

（1）在要创建表格的位置单击。

（2）依次单击"插入"选项卡、"表格"和"绘制表格"。指针会变为铅笔状。

（3）绘制一个矩形来制作表格的边框。然后在该矩形中绘制列和行的线条。

（4）要擦除某条线，请依次单击"表格工具设计"选项卡、"橡皮擦"和要擦除的线条。

方法四：插入表格对话框

（1）单击要创建表格的位置。

（2）执行"插入"→"表格"命令，打开"插入表格"对话框，如图 2.70 所示。

（3）在"插入"对话框中选定表格的列数和行数，单击"确定"按钮。

图 2.70 插入表格

删除表格

将光标停留在表格上，直至出现表格移动控点⊞，然后单击表格移动控点并按 Backspace 键。

2.6.2 表格中输入文字及格式设置

一、在表格中输入文本

在表格中定光标，输入文本，表格可随字数的增加自动加宽，用上下游标可调整光标位置。

二、选定表格

选定要修改的表格，具体操作如下。

（1）鼠标放在行的左面成斜箭头单击选定单元格的行，在列的上面单击选定列，拖动鼠标可选定多行或列。

（2）定光标在行或列的任意处：点击鼠标右键弹出菜单"选择"→"行"或"列"命令。

（3）选定全表：单击表格移动控制点（在左上角，十字形图标）。

（4）定光标任意处，单击鼠标右键弹出菜单"选择"→"表格"命令。也可以选定全表格。

三、修改行高和列宽

Word 能根据单元格中输入内容的多少自动调整行高，也可以根据需要来修改它。具体操作如下。

（1）调整列宽，光标放在列的左面成十字形虚线，然后拖动，整个表格大小不变，但相邻的两个列的宽度发生变化。此方法也可用于行高。

（2）选定表格的列，然后选择"表格工具"选项卡，"布局"选项卡，"单元格大小"设置相应的列宽即可，如图 2.71 所示。

图 2.71 表格布局

（3）改行高：与改列宽的方法相同。

四、表格格式的设置

包括表格自动套用格式，表格边框和底纹的设置，表格中文本格式的设置。

具体操作如下。

（1）选中表格。

（2）选择"表格工具"选项卡，"设计"选项卡，单击"边框"下拉按钮。单击"边框和底纹"按钮，弹出如图2.72所示的"边框和底纹"设置对话框。对话框里可以设置表格的边框、线型、颜色等。

图2.72　边框和底纹对话框

（3）表格中文本格式的设置，比如字体、字号。选定表格中的文本，选择"开始"选项卡、"字体"选项卡进行相应设置。

2.6.3　单元格的合并与拆分

合并或拆分单元格：在简单表格的基础上，通过对单元格的合并或拆分可以构成比较复杂的表格。

一、单元格的合并

方法一：选中待合并的单元格区域（如图2.73）所示，单击右键，选择快捷菜单中的"合并单元格命令"。

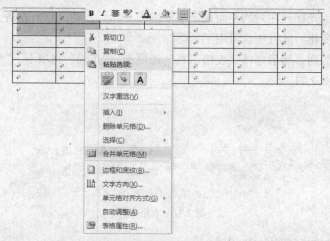

图2.73　合并单元格弹出菜单

方法二：选中待合并的单元格区域，单击"表格工具"选项卡，"布局"上的"合并单元格"按钮，如图 2.73 所示。

如果选中区域不止一个单元格内有数据，那么单元格合并后数据也将合并，并且分行显示在这个合并单元格内。

方法三：通过手动擦除单元格边框进行表格合并。

二、单元格的拆分

方法一：将插入点置于需拆分的单元格中，单击右键，选择快捷菜单中的"拆分单元格"命令，弹出如图 2.74 所示的"拆分单元格"对话框，键入要拆分成的行数和列数，单击"确定"按钮即可将其拆分成等大的若干单元格。

方法二：选中待拆分的单元格区域，单击"表格工具"选项卡，"布局"上的"拆分单元格"按钮，如图 2.76 所示。

图 2.74　合并单元格按钮　　　　图 2.75　拆分单元格对话框　　　　图 2.76　拆分单元格按钮

方法三：选中需要拆分的单元格。通过手动绘制表格拆分单元格。

2.6.4　表格简单函数的使用

将插入点定位在记录结果的单元格中，然后打开"表格工具"选项卡，"布局"选项卡上的"公式"命令，弹出如图 2.77 所示的"公式"对话框，在等号后面输入运算公式或"粘贴函数"。计算公式可引用单元格，表格中的列用 A、B、C…表示，行数用 1、2、3…表示。

图 2.77　表格公式对话框

一、表格中数据的计算

Word 提供了对表格数据求和、求平均值等常用的统计计算功能。求和操作如下。

（1）首先创建一个数字表格，注意求和的位置必须是空白的，同时确认表格中输入的是符合标准的数字，空白的部分请用 0 代替。

（2）在需要汇总的单元格定光标，单击"表格工具"选项卡，"布局"选项卡，"公式"，选择函数 SUM。

二、表格内数据的排序

Word 还能对表格中的数据进行简单的计算和排序。如学习成绩表，具体操作如下。

（1）定光标，执行"菜单"，"布局"，"排序"，弹出如图 2.78 所示的对话框。

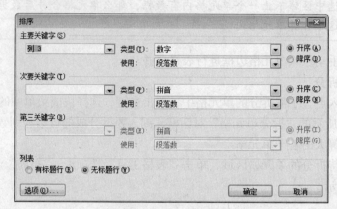

图 2.78　表格排序对话框

（2）选择要排序的列以及数据类型，选择升序或者降序排序方式，确定即可。

2.6.5　表格生成图表

表 2.2 是某集团销售情况表格，我们希望得到如图 2.79 所示的图表。

表 2.2　　　　　　　　　　　　　销售情况表

	2007 年	2008 年
一公司	200	220
二公司	100	130
三公司	150	200

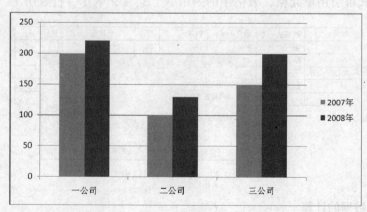

图 2.79　示例图表

要实现表格生成图表的转换，步骤如下。

（1）选定要转换的表格，进行复制。

（2）执行"插入"选项卡→"图表"命令，则弹出如图所示的"数据表"编辑器，单击 A1 单元格，Ctrl+V 进行粘贴，调整数据区域，如没有问题关闭该编辑器即可，如图 2.80 所示。

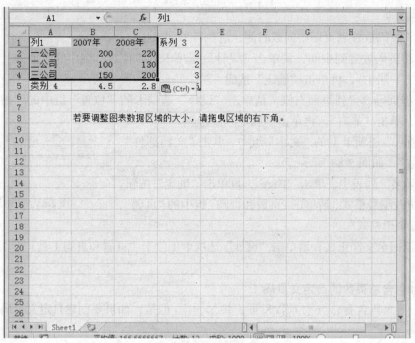

图 2.80　图表数据输入

2.7　文　档　打　印

2.7.1　页眉页脚的插入

通常显示文档的附加信息，常用来插入时间、日期、页码、单位名称、徽标等。其中，页眉在页面的顶部，页脚在页面的底部。

一、添加页码（不带任何其他信息）

1. 在"插入"选项卡上的"页眉和页脚"组中，单击"页码"。如图 2.81 所示。

2. 单击所需的页码位置。

3. 滚动浏览库中的选项，然后单击所需的页码格式。

4. 若要返回至文档正文，请单击"设计"选项卡（位于"页眉和页脚工具"下）上的"关闭页眉和页脚"，如图 2.82 所示。

图 2.81　页眉页脚

图 2.82　关闭页眉和页脚

二、添加自定义页码

1. 双击页眉区域或页脚区域（靠近页面顶部或页面底部）。这将打开"页眉和页脚工具"下的"设计"选项卡。

2. 若要将页码放置到页面中间或右侧,请执行下列操作。

● 若要将页码放置到中间,请单击"设计"选项卡的"位置"组中的"插入'对齐方式'选项卡",单击"居中",再单击"确定"按钮。

● 若要将页码放置到页面右侧,请单击"设计"选项卡的"位置"组中的"插入'对齐方式'选项卡",单击"靠右",再单击"确定"按钮。

3. 在"插入"选项卡上的"文本"组中,单击"文档部件",然后单击"域",如图 2.83 所示。

图 2.83 文本选项卡

4. 在"域名"列表中,单击"Page",再单击"确定"按钮。

5. 若要更改编号格式,请单击"页眉和页脚"组中的"页码",再单击"设置页码格式"。

6. 若要返回至文档正文,请单击"设计"选项卡(位于"页眉和页脚工具"下)上的"关闭页眉和页脚"。

三、添加包含总页数的自定义页码

库中的一些页码含有总页数(第 X 页,共 Y 页)。但是,如果要创建自定义页码,请执行下列操作。

1. 双击页眉区域或页脚区域(靠近页面顶部或页面底部)。这将打开"页眉和页脚工具"下的"设计"选项卡。

2. 若要将页码放置到页面中间或右侧,请执行下列操作。

● 若要将页码放置到中间,请单击"设计"选项卡的"位置"组中的"插入'对齐方式'选项卡",单击"居中",再单击"确定"按钮。

● 若要将页码放置到页面右侧,请单击"设计"选项卡的"位置"组中的"插入'对齐方式'选项卡",单击"靠右",再单击"确定"按钮。

3. 键入"第"和一个空格。

4. 在"插入"选项卡上的"文本"组中,单击"文档部件",然后单击"域"。

5. 在"域名"列表中,单击"Page",再单击"确定"按钮。

6. 在该页码后键入一个空格,再依次键入"页"、逗号、"共",然后再键入一个空格。

7. 在"插入"选项卡上的"文本"组中,单击"文档部件",然后单击"域"。

8. 在"域名"列表中,单击"NumPages",然后单击"确定"按钮。

9. 在总页数后键入一个空格,再键入"页"。

10. 若要更改编号格式,请单击"页眉和页脚"组中的"页码",再单击"设置页码格式"。

11. 若要返回至文档正文,请单击"设计"选项卡(位于"页眉和页脚工具"下)上的"关闭页眉和页脚"。

四、添加自定义页眉或页脚

1. 双击页眉区域或页脚区域(靠近页面顶部或页面底部)。这将打开"页眉和页脚工具"下的"设计"选项卡。

2. 若要将信息放置到页面中间或右侧,请执行下列任一操作。

● 若要将信息放置到中间,请单击"设计"选项卡的"位置"组中的"插入'对齐方式'选项卡",单击"居中",再单击"确定"按钮。

● 若要将信息放置到页面右侧,请单击"设计"选项卡的"位置"组中的"插入'对齐方式'选项卡",单击"靠右",再单击"确定"按钮。

3．执行下列操作之一。

- 键入要在页眉中包含的信息。

- 添加域代码,方法是:依次单击"插入"选项卡、"文档部件"和"域",然后在"域名"列表中单击所需的域。可使用域来添加的信息的示例包括:Page（表示页码）、NumPages（表示文档的总页数）和 FileName（可包含文件路径）。

4．如果添加了"Page"域,则可以通过单击"页眉和页脚"组中的"页码",再单击"设置页码格式"来更改编号格式。

5．若要返回至文档正文,请单击"设计"选项卡（位于"页眉和页脚工具"下）上的"关闭页眉和页脚"。

五、在不同部分中添加不同的页眉和页脚或页码

1．单击要在其中开始设置、停止设置或更改页眉、页脚或页码编号的页面开头。
按 Home 可确保光标位于页面开头。

2．在"页面布局"选项卡上的"页面设置"组中,单击"分隔符"。如图 2.84 所示。

3．在"分节符"下,单击"下一页"。

4．双击页眉区域或页脚区域（靠近页面顶部或页面底部）。这将打开"页眉和页脚工具"下的"设计"选项卡。

5．在"设计"的"导航"组中,单击"链接到前一节"以禁用它。

6．执行下列操作之一。

- 按照添加页码或添加包含页码的页眉和页脚中的说明操作。

- 选择页眉或页脚,然后按 Delete 键。

7．若要选择编号格式或起始编号,请单击"页眉和页脚"组中的"页码",单击"设置页码格式",再单击所需格式和要使用的"起始编号",然后单击"确定"按钮。

8．若要返回至文档正文,请单击"设计"选项卡（位于"页眉和页脚工具"下）上的"关闭页眉和页脚"。

六、在奇数和偶数页上添加不同的页眉和页脚或页码

1．双击页眉区域或页脚区域（靠近页面顶部或页面底部）。这将打开"页眉和页脚工具"选项卡。

2．在"页眉和页脚工具"选项卡的"选项"组中,选中"奇偶页不同"复选框,如图 2.85 所示。

图 2.84　分隔符

图 2.85　奇偶页面不同

3．在其中一个奇数页上,添加要在奇数页上显示的页眉、页脚或页码编号。

4．在其中一个偶数页上,添加要在偶数页上显示的页眉、页脚或页码编号。

七、删除页码、页眉和页脚

1．双击页眉、页脚或页码。

2. 选择页眉、页脚或页码。

3. 按 Delete 键。

4. 在具有不同页眉、页脚或页码的每个分区中重复步骤 1～3。

2.7.2 页面设置

页面设置是指对文档页面布局的设置，主要包括纸张大小、页边距等。

一、设置页面纸张

（1）单击"文件"选项卡—打印，点击"A4"旁边下拉按钮。选中打开"其他页面大小"弹出页面设置对话框。

（2）单击"纸张"选项卡，如图 2.86 所示。

（3）在"纸张大小"列表框中选择需要的纸张型号。

（4）若要自定义纸张大小，则可以在"宽度"和"高度"数值框中输入数值，自己设定。

（5）单击"确定"按钮即可。

二、设置页边距

（1）单击"文件"选项卡——打印，单击"A4"旁边的下拉按钮。选中打开"其他页面大小"弹出页面设置对话框。

（2）选择"页边距"选项卡，如图 2.87 所示。

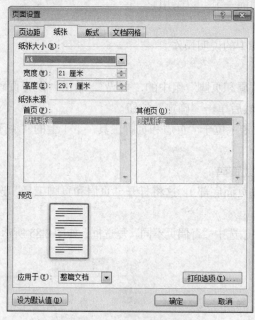

图 2.86 页面设置——纸张

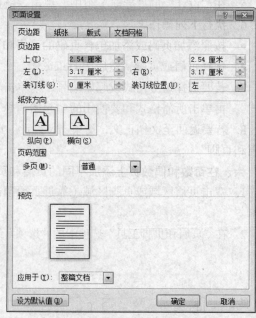

图 2.87 页面设置——页边距

（3）在"页边距"栏中设置上、下、左、右的边距值。

（4）在"方向"选项组中选择"纵向"或"横向"显示页面。

（5）单击"确定"按钮。

2.7.3 文档打印

在 Word 2010 中，可以轻松调整版式，并在预览打印布局后打印文档。

一、预览打印布局

在 Word 2010 中，可以非常容易地无需实际打印即可预览打印时的布局样式。屏幕上显示的打印图像称为"打印预览"。即使计算机未连接打印机，用户也可以显示打印预览。

1. 单击"文件"选项卡。

2. 单击"打印"。

此时将显示文档的打印预览，如图 2.88 所示。

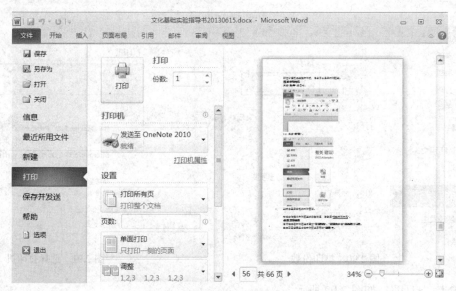

图 2.88　打印预览

3. 设置页面设置

用户可在查看打印预览时更改"页面方向"、"页面大小"或"页边距"等设置。基本页面设置组合在打印预览屏幕的"设置"中，如图 2.89 所示。

图 2.89　打印页面设置

二、开始打印

查看并调整打印版式后，可以开始实际打印。

1. 单击"文件"选项卡。
2. 单击"打印"。此时将显示打印预览。
3. 在"份数"框中输入份数，如图 2.90 所示。
4. 在"打印机"下单击"Fax"，然后选择所需的打印机，如图 2.91 所示。

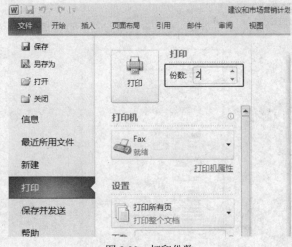

图 2.90　打印份数

图 2.91　选择打印机

5. 单击"打印"。如图 2.92 所示。

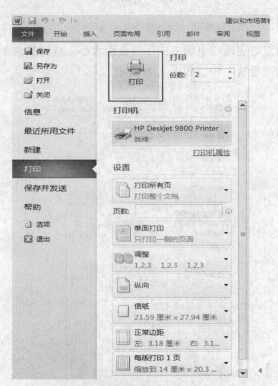

图 2.92　打印文档

2.8 实 验 二

[实验目的]

通过实验了解 Word 2010 的基本操作，掌握 Word 图文混排的方法。

[实验要求]

（1）掌握 Word 2010 的启动和退出。

（2）掌握文档的创建、打开、保存及通用模板的使用。

（3）熟练掌握文档的基本编辑。

（4）熟练掌握文档编辑中的自动换行、段落标记、查找与替换。

（5）熟练掌握对字符的格式化操作：掌握文字的格式化，包括字号、字体、字型的选择，文字的粗体、斜体和下划线。

（6）熟练掌握对段落的格式化操作：缩进、段前距、段后距、字间距和行间距、对齐方式。

（7）掌握边框与底纹的设置和使用方法。

（8）掌握首字下沉的使用方法及不同格式设置。

（9）熟练掌握插入图片、图片编辑、格式化。

（10）掌握绘制简单的图形和格式化。

（11）掌握文本框的使用。

（12）掌握图文混排、页面排版。

[实验内容]

新建一个 Word 文件，输入下列这首词，按图 2.93 所示的方式排版。最后将文件保存为"满江红.doc"。

满江红

怒靖

发冲冠，凭阑处，潇潇雨歇。抬望眼，仰天长啸，壮怀激烈。三十功名尘与土，八千里路云和月。莫等闲、白了少年头，空悲切。

靖康耻，犹未雪；臣子恨，何时灭？驾长车、踏破贺兰山缺。壮志饥餐胡虏肉，笑谈渴饮匈奴血。

待从头、收拾旧山河，朝天阙。

文学宝库

图 2.93　排版格式

满江红：怒发冲冠，凭阑处，潇潇雨歇。抬望眼，仰天长啸，壮怀激烈。三十功名尘与土，八千里路云和月。莫等闲、白了少年头，空悲切。靖康耻，犹未雪；臣子恨，何时灭？驾长车、踏破贺兰山缺。壮志饥餐胡虏肉，笑谈渴饮匈奴血。待从头、收拾旧山河，朝天阙。

要求：标题字体为隶书二号，正文为楷书小三，"文学宝库"为文本框（隶书一号，背景为绿色），页眉插入一剪贴画。

[实验步骤]

（1）启动 Word 2010

在开始菜单中找到程序并启动。

（2）输入文本

选择自己比较熟悉的一种中文输入法，将上述诗词输入文档中。

（3）设置格式

按要求设置字体为"楷书"、"小三"。

（4）保存文件

在弹出的对话框中输入文件名"满江红.docx"。

（5）首字下沉

分别将文章的两段设为首字下沉。

（6）插入文本框

单击"插入"选项卡，在文本组中选择"文本框"，在其中选择"横排"。在文档的空白处拖出文本框。

（7）在文本框内编辑文字

单击选中文本框。在文本框内输入文字："文学宝库"。将"文学宝库"几个字设置为"隶书"，"三号"字。

（8）调整文本框的位置和大小

单击选中文本框。改变文本框的大小：将鼠标指向文本框四周的小方块，使鼠标的指针成双箭头形状，按住鼠标的左键，移动文本框的边线。改变文本框的位置：用鼠标指向文本框四周的斜线框，使鼠标的指针呈现十字交叉的双箭头形状，按住鼠标的左键将文本框拖到适当的地方。

（9）调整文本框的格式

单击选中文本框。在格式选项卡上的形状样式组选择相应颜色填充。在排列组中选择文字的环绕方式设置成"紧密方式"。

（10）文字环绕设置文字环绕方式为"四周环绕型"。

（11）调整布局

按照实验的要求，拖动文本框及画布到指定位置，至界面比较美观为止。

（12）插入页眉和页脚。

2.9 练 习 二

一、填空题

1. 当新建一个 Word 文档后，在文档的开始位置将出现一个闪烁的光标，称为"_____"，在 Word 中输入的任何文本都会在该处出现。

2. 在 Word 中，文本的输入可以分为两种模式：_____和_____。

3. 在"日期和时间"对话框中，如果选中了"_____"复选框，则在每次打印之前，Word 都会自动对插入的日期和时间进行更新。

4. Word 2010 提供了_____功能，可以通过其自带的更正字库对一些常见的拼写错误进行自动更正。

5. 在进行拼写与语法检查时，红色的波浪线表示_____，绿色的波浪线表示_____。

6. 在 Word 2010 中，不仅可以查找文档中的普通文本，还可以对_____和_____等进行查找。

二、选择题

1. 将插入点置于段落中，单击（　　）次鼠标左键可快速选中该段落。
　　A. 1　　　　　　　　B. 2　　　　　　　　C. 3　　　　　　　　D. 4

2. 在（　　）模式下，用户输入的文本将在插入点的左侧出现，而插入点右侧的文本将依次向后顺延。
　　A. 插入　　　　　　B. 输入　　　　　　C. 改写　　　　　　D. 改正

3. 在拼写错误快捷菜单中，选择"（　　）"命令后，当再次输入该单词时，Word 就会认为该单词是正确的。
　　A. 全部忽略　　　B. 添加到词典　　　C. 自动更正　　　D. 语言

4. 在查找文档中的指定内容时，如果只查找符合条件的完整单词，而不搜索长单词中的一部分，可在"搜索选项"选项组中选中"（　　）"复选框。
　　A. 区分大小写　　　　　　　　　　B. 全字匹配
　　C. 使用通配符　　　　　　　　　　D. 同音（英文）

三、操作题

1. 在 Word 中录入下列文本，并以"练习 1.docx"为文件名，保存到 D：\Test 的文件夹中。
什么是网页病毒

网页病毒是利用网页来进行传播和破坏的病毒，它使用 Script 语言编写恶意代码，并利用 IE 的漏洞实现病毒植入。当用户登录某些含有网页病毒的网站时，网页病毒便被悄悄激活，这些病毒一旦激活，就可以利用系统的一些资源进行破坏。轻则修改用户的注册表，使用户的首页、浏览器标题改变；重则可以关闭系统的很多功能，并且安装木马，传播病毒，使用户无法正常使用计算机；严重者则可以将用户的系统进行格式化。

目前的网页病毒都是利用 JavaScript、ActiveX 等技术来实现对客户端计算机进行本地的写操作，如改写注册表，在硬盘上添加、删除、更改文件夹或文件等操作。

2. 对"练习 1.docx"文件进行下列格式化操作，并保存文档。
（1）标题行居中，并为标题文本设置隶书、加粗、小三号字。
（2）将第 1 自然段（网页病毒是利用……格式化）复制一份放到文档的末尾，成为第 3 自然段。
（3）将全部 3 个自然段设为首行缩进 2 个字符，并且把第 2 自然段的段前间距和段后间距均设为 0.5 行。
（4）将第 1 自然段设为等宽的两栏，并添加分隔线。
（5）在第 3 自然段的中间位置上任意插入一个剪贴画，剪贴画的大小设为原来的 25%，且为"四周型"环绕方式。
（6）在第 3 自然段后面空 2 行，并绘制表 2.3。要求如下。
① 表格中的所有文本均在水平和垂直两个方向上居中。

② 除第 1 列以外的各列均设为最适合的列宽。

表 2.3　　　　　　　　　示例表格

节次＼星期	星期一	星期二	星期三	星期四	星期五
1.2					
3.4					
5.6					
7.8					
9.10					
备注					

第3章
Excel 2010 的使用和操作

Excel 2010 是 Office 2010 的核心组件之一，是一个强大的数据处理软件。其主要功能有电子表格制作、编辑，处理表格中的数据，包括处理复杂的计算和统计分析、创建报表或图表、进行数据的分类和查找等。

3.1 Excel 2010 的基础概念

安装 Office 2010 后，单击 Windows 7 任务栏左边的"开始"图标，在弹出的菜单中单击"所有程序|Microsoft Office|Microsoft Excel 2010"，启动 Excel 2010，其工作界面如图 3.1 所示。

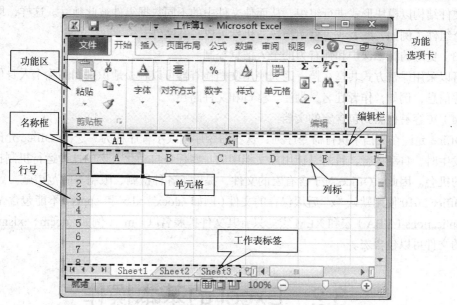

图 3.1　Excel 工作界面

Excel 2010 工作界面主要由客户区和非客户区构成。非客户区包含位于界面上方的标题栏、功能选项卡、命令和位于界面下方的状态栏。非客户区以功能选项卡和命令的形式集中向用户提供各项表格处理功能，用户如果将鼠标停留在选项卡下的任意按钮上几秒，Excel 2010 会自动弹出悬浮小窗口，解释该命令的具体功能。用户主要在客户区完成数据的输入和编辑。客户区主要由名称框、编辑栏、行和列构成的表格编辑区组成。这三部分合起来称作一个工作表，默认情况下，Excel 2010 向用户提供三张工作表 Sheet1、Sheet2、Sheet3，单击不同的工作表标签，就可以在多个工作表之间切换。

行号是代表工作表中行编号的数字，行号范围为 1～1 048 576，列标是代表工作表中列编号的字母，列标范围为 A～XFD，共 16 384 列。

工作表的行线和列线将工作表划为一个个格子，这些格子称为单元格，是工作表存储数据的基本单位，也是 Excel 表示数据的最小单位。

名称框用于显示单元格的名称，当选中一个单元格后，名称框显示出该单元格的列标和行号。编辑栏用于显示当前活动单元格中的内容，也可在该框中输入或修改当前活动单元格的内容。

工作簿是处理和存储 Excel 数据的文件，以“.xlsx”、“.xls”等扩展名保存。一个工作簿可以包含多张工作表，而工作表中包含若干单元格。三者之间是相互包含的关系。

这里特别说明一下“.xlsx”和“.xls”两种文件的区别。Office 2010 引入了基于 Open XML 的文件格式，例如“.docx”、“.xlsx”。这些格式均是在 Office 早期版本的文件扩展名，如“.doc”、“.xls”等，在其后添加“x”或者“m”。“x”表示不含宏的 XML 文件，而“m”表示含有宏的 XML 文件。默认情况下，在 Office 2010 中创建的文档、工作表都将保存为 XML 格式。使用基于 XML 的文件格式有以下优点。

（1）压缩文件

Open XML 格式使用 zip 压缩技术存储文档，在打开文件时，这种格式可以自动解压缩；而在您保存文件时，这种格式又可以重新自动压缩。某些情况下最多可缩小 75%。

（2）改进受损文件的恢复过程

文件结构以模块形式进行组织，从而使文件中的不同数据组件彼此独立。这样，即使文件中的某个组件（例如，图表或表格）损坏，仍然可以打开文件。

（3）更好的隐私保护和强有力的个人信息控制

可以采用保密方式共享文档，因为使用文档检查器可以轻松地识别和删除个人身份信息和业务敏感信息，例如，作者姓名、批注、修订和文件路径。

（4）更容易检测到包含宏的文档

Office 允许在文档中执行命令序列，这些命令序列或小程序称为“宏”。Office 允许宏在某些操作发生时，自动运行，目的是让用户文档中的一些任务自动化。宏的这种运行机制提供了感染病毒的机会。因此，Office 对于含有宏的文件，提供了各种检测、限制等防范措施。

Office 2010 使用默认“x”后缀保存的文件（例如 .docx、.xlsx 和 .pptx）不能包含 Visual Basic for Applications（VBA）宏和 XLM 宏。只有其文件扩展名以“m”（例如 .docm、.xlsm 和 .pptm）结尾的文件可以包含宏。

3.2　Excel 的基本操作

3.2.1　工作簿基础操作

1. 新建空白工作簿

启动 Excel 2010 后，程序会自动创建一个空白工作簿供用户在其中编辑数据。用户也可以根据需要创建多个工作簿，具体操作如下。

（1）单击"文件"选项卡中的　"新建"命令（简称为单击"文件—新建"命令），或者直接使用快捷键【Ctrl+N】。

（2）在展开的"可用模板"列表中双击"空白工作簿"选项即可创建新的工作簿，如图 3.2 所示。工作簿默认名称为"工作簿 1.xlsx"。在该工作簿中，默认包含 3 张工作表 Sheet1～Sheet3。

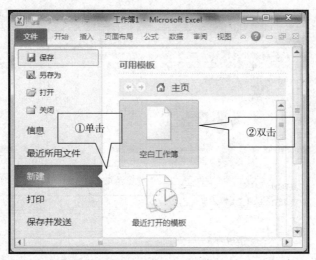

图 3.2　创建新的工作簿

此外，用户也可以单击位于标题栏左边的"自定义快速访问栏"按钮，在弹出的下拉菜单中选择"新建"命令，创建新的工作簿，如图 3.3 所示。

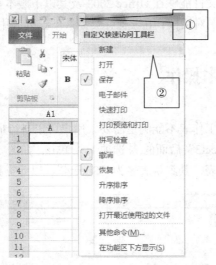

图 3.3　在"自定义快速访问工具栏"中访问"新建"命令

如果用户想更改新建工作簿时默认的工作表数量，单击"文件—选项"命令，在弹出的"Excel 选项"对话框中，单击"常规"选项标签，在"新建工作簿"选项组的"包含的工作表数"文本框中，输入新建工作簿时默认的工作表数量单击"确定"按钮即可。

2．保存工作簿

新建的工作簿应该保存到计算机中，便于日后查看或重新编辑。具体步骤如下。

（1）执行"文件—保存"命令，或者使用快捷键【Ctrl+S】，调出"另存为"对话框，如图 3.4

所示。

（2）在"另存为"对话框左侧选择文件保存的位置，并在"文件名"文本框中输入文件主名，单击"保存"，即可将工作簿保存到计算机的指定位置。此时，Excel 2010 标题栏中显示的默认工作簿名称变为用户指定的文件名。

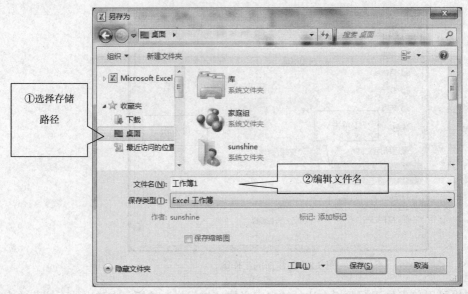

图 3.4　保存工作簿

注意，如果用户想确保文件能够在 Office 2003 及其以下版本正确打开，可以单击"文件—另存为"命令，调出"另存为"对话框，在"保存类型"下拉列表中，选择"Excel97-2003 工作簿"选项后保存。

3.2.2　工作表基本操作

1. 插入和删除工作表

如果工作簿默认的三张工作表不能满足需要，用户可以自行插入或删除工作表。插入工作表只需将鼠标移至工作表"Sheet3"后面的　选项卡并单击，如图 3.5 所示，或者直接使用快捷键【Shift+F11】，即可插入新的表，其默认表名为"Sheet4"，以此类推。

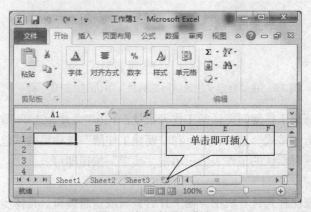

图 3.5　插入新的工作表

如需在工作表之间进行切换，只需鼠标点击该工作表标签，或者使用快捷键【Ctrl+PgUp】进行从左到右的切换，或使用快捷键【Ctrl+PgDn】进行从右到左的切换。如果需要删除某工作表，只需将鼠标移至对应标签页，如"Sheet3"，右键单击，在弹出的菜单中选择"删除"即可。

2. 复制与移动工作表

复制工作表就是为当前工作表制作一份副本，移动工作表则可以在各工作表间调整工作表的位置。复制工作表的具体步骤如下。

（1）鼠标右键单击要复制的工作表标签，如"Sheet2"，在弹出的菜单中选择"移动或复制"命令，点击该命令会弹出"移动或复制工作表"对话框，如图 3.6 所示。

（2）默认情况下，移动和复制在当前工作簿"工作簿 1"内进行。在"下列选定工作表之前"列表框中选择当前操作的目的地。

（3）如果是复制操作，应确保"建立副本"被选中。

（4）单击按钮"确定"，在 Sheet1 之前，创建了副本"Sheet2（2）"。

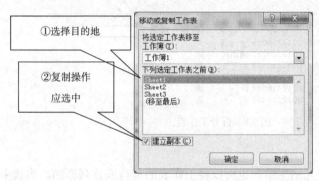

图 3.6　移动或复制工作表

移动工作表的方法和上述类似，只需要在"移动或复制工作表"对话框中，取消选中"建立副本"，然后设置移动目的地并单击"确定"按钮即可。也可鼠标选中需要移动的工作表，直接拖到目标位置，放开鼠标即可。

3. 更改工作表名称和颜色

用户如果想重命名工作表，直接右击工作表标签，在弹出的菜单中选择"重命名"命令，或者直接双击该标签页，工作表名称会变为黑色选中的编辑状态，直接输入工作表名即可。

如果想更改工作表标签颜色，其方法类似。直接右键单击工作表标签，在弹出的菜单中选择"工作表标签颜色"，在级联的颜色列表中选定颜色即可。

4. 隐藏和显示工作表

在参加会议或者演讲等公开活动时，若不想表格中的重要数据外泄，可以将数据隐藏起来。具体步骤是：右键单击想要隐藏的工作表，在弹出的菜单中选择"隐藏"命令，即可将制定的工作表隐藏。

如果想取消隐藏，可右键单击任意工作表标签，从弹出的菜单中选择"取消隐藏"命令，会弹出"取消隐藏对话框"，如图 3.7 所示，从中选择想要显示的工作表，单击"确定"按钮，即可显示该工作表。

5. 拆分和冻结工作表

Excel 2010 为用户提供了拆分和冻结工作表窗口的功能，

图 3.7　取消隐藏工作表 Sheet2

以便合理地利用屏幕空间。

（1）拆分工作表

拆分工作表就是将工作表当前的活动窗口拆分成窗格，在每个被拆分的窗格中，都可以通过滚动条来显示或查看工作表的各个部分。拆分工作表的具体步骤如下。

① 选定要拆分分隔处的单元格，如图 3.8 中的单元格 G1，该单元格的左上角就是拆分的分隔点。

② 在"视图—窗口"组中，单击拆分命令"▭"，即可将当前工作表从 F 和 G 列之间拆分为两个窗格。如果想取消拆分，再次单击拆分命令即可。

图 3.8　拆分工作表

（2）冻结工作表

用户可以将拆分后的某个单元格冻结，也可以将工作表的首行或首列冻结。当选中特定单元格后，当前工作表在该单元格左边和以上的窗格被冻结。也就是说当垂直滚动时，冻结点以上的全部单元格不参与滚动；当水平滚动时，冻结点左边的全部单元格不参与滚动。

冻结拆分窗口的具体步骤如下。

① 选定一个单元格作为冻结点，在图 3.9 中是单元格 G3 被选中，则冻结点以上和左边的单元格区域 A1：F2 都将被冻结，并保留在屏幕上。

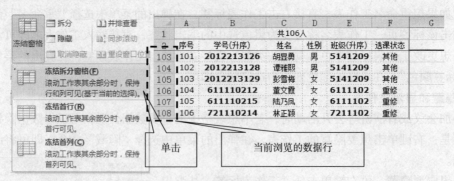

图 3.9　冻结单元格区域 A1：F2

② 在"视图—窗口"组中，单击冻结窗口按钮"▦"下面的箭头，选择"冻结拆分窗格"，即可将指定单元格冻结。

在表格的行列数很多时，冻结工作表特定区域非常利于用户浏览数据。如果要取消冻结，再单击冻结窗口按钮下面的箭头，选择"取消冻结窗格"即可。

6. 保护工作表及工作簿

对工作表及工作簿实施保护，可以防止其他人对重要的工作报表进行修改。

（1）保护工作表

Excel 2010 对工作表的保护功能，可以防止其他人使用工作表，或防止他人对工作表的内容进行删除、复制、移动和编辑等改变工作表性质的操作。具体步骤如下。

① 单击"文件—信息"命令，在弹出的级联菜单中执行"保护工作簿—保护当前工作表"，调出"保护工作表"对话框，如图 3.10 所示。

② 在文本框中输入密码，单击"确定"按钮，如图 3.11 所示。

图 3.10 "保护工作表"对话框

图 3.11 "保护结构和窗口"对话框

要撤销对工作表的保护，再次执行"保护工作簿—保护当前工作表"命令，输入之前设置的密码即可。

（2）保护工作簿

保护工作簿可以使整个工作簿的结构不被删除、移动、隐藏或重命名工作表，也不能插入新工作表，还可以保护工作簿的窗口不被移动、缩放、隐藏或关闭。具体步骤如下。

① 执行"文件—信息—保护工作簿—保护工作簿结构"命令，调出"保护结构和窗口"对话框。

② 在"密码"文本框中输入密码，单击"确定"按钮即可，如图 3.12 所示。

要撤销对工作簿的保护，再次执行"保护工作簿—保护工作簿结构"命令，输入之前设置的密码即可。

（3）工作表打开权限

打开权限设置是为工作表设置打开密码，具体步骤如下。

图 3.12 加密文档

① 执行"文件—信息—保护工作簿—用密码进行加密"命令，调出"加密文档"对话框。

② 在"密码"文本框中设置密码，单击"确定"按钮即可。

③ 再次打开工作表时，需要输入密码才能打开。

3.3 单元格操作

3.3.1 单元格及其区域的选择

根据单元格所在行列位置对单元格进行命名。如图 3.13（a）中，选中的单元格位于第 B 列、第 2 行，故命名为"B2"单元格。Excel 2010 中，多个连续单元格称为单元格区域，其命名由所在区域左上角的单元格加上右下角的单元格再加冒号组成。如图 3.13（b）中，选中区域被命名为"B2：D4"单元格区域。

图 3.13（a）　B2 单元格

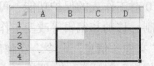

图 3.13（b）　B2：D4 单元格区域

1．单元格的选择

打开 Excel 2010 后，光标默认状态为"✛"，用于选定单元格。选中单元格最直接的方法是鼠标单击相应单元格。也可以在名称栏中直接输入单元格名称，如"B2"，然后回车即可定位到 B2 单元格，如图 3.13（a）所示。

2．选定整行（列）

单击行号或者列标，即可选定整行。

3．选取连续多行（列）

鼠标单击起始行（列）号，直接拖动鼠标左键到结束行（列）即可。也可在鼠标单击起始行（列）后，按住【Shift】键，再单击结束行（列）即可。

4．选定连续区域

拖动鼠标从区域的左上角至右下角，该区域以高亮度显示，即表示该区域被选中，如图 3.13（b）所示。也可以单击区域左上角的单元格，然后按下【Shift】键，同时单击区域右下角的单元格。

如果想选中一行或一列中的某个特定区域，直接点击起始单元格，然后横向或纵向拖动鼠标到结束单元格后释放鼠标即可。

5．选定不连续区域

选定一个区域后，按下【Ctrl】键的同时，选定另一个区域。

6．选定整个工作表

单击工作表的 A 列和 1 行左上角交叉处的全选按钮"　　"，即可选定全部单元格区域。或通过快捷键【Ctrl+A】，也可选中全部单元格。

3.3.2　输入和填充数据

单元格中可以输入的内容包括文本、数值、日期和公式。用户可以用下面两种方法来对单元格输入数据。

（1）用鼠标选中单元格，直接在其中输入数据，按【Enetr】键确认。

（2）用鼠标选中单元格，然后在"编辑栏"中单击鼠标左键，并输入数据，然后按【Enetr】键或者编辑栏前面的输入按钮"√"确认。

1．文本的输入和填充

Excel 2010 中的文本通常是指字符的组合、数字和字符的组合或者全部由数字构成的组合（如邮政编码、电话号码）等。默认情况下，单元格中的所有文本都是左对齐，若输入的数据含有字符（如"2013 年"），则 Excel 2010 会自动确认为文本；若输入的文本只有数字（如 2013），为了与数字信息区别，则需要先输入一个英文状态下的"'"，然后在输入再输入 2013，Excel 2010 会自动在该单元格左上角加上绿色三角标记，说明该单元格中的 2013 是文本信息。

如果需要在多个单元格中输入相同的文本内容，首先应选择要输入文本的单元格区域，在输入对应文本后，按下【Ctrl+Enter】快捷键即可。例如，在图 3.14 中，选择要输入文本的单元格区域 B2：B12，将光标定位在编辑栏中，输入文本"计算机学院"，按下【Ctrl+Enter】快捷键后，编辑栏中的文本统一填充到了所选择的单元格区域中。

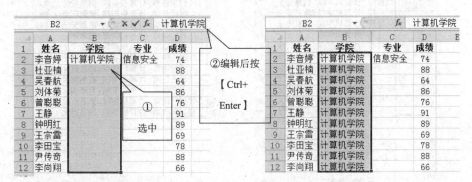

图 3.14　将文本信息填充至单元格区域 B2：B12

除上述方法外，重复填充数据还有一种方法，如图 3.15 所示。首先，选中单元格 C2，将鼠标移至该单元格右下角，鼠标将变为十字形状的填充柄，按下鼠标左键，拖动至单元格 C12，释放鼠标左键即可完成填充。

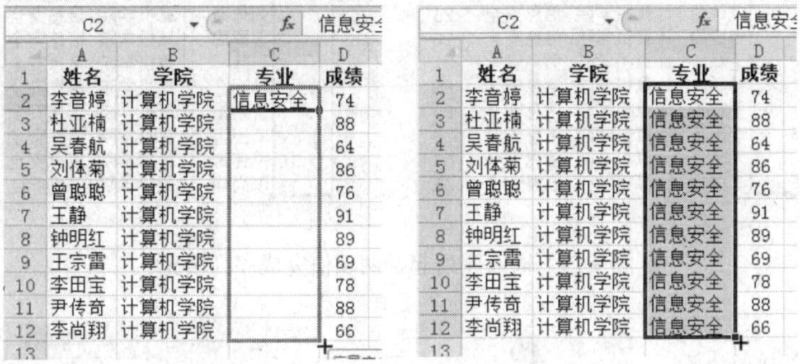

图 3.15　使用填充柄进行填充

2. 数值的输入和填充

数值除了数字 0～9 外，还包括+、−、E、e、\$、/、%以及小数点（.）和千分位符号（,）等特殊字符（如\$50 000）。如果输入的数据太长，Excel 2010 会自动以科学计数法表示。例如，输入 1 234 567 890，则以 1.23E+09 科学计数法显示。

如果需要在同一行或一列中输入重复的数值，可以利用填充柄进行快速填充。如果要在一行或一列中填充数值序列，可按照图 3.16 所示方法完成。首先，在单元格 A2 中输入数值"1"，拖动填充柄至单元格 A12 后，单击按钮"　"右边的箭头。在弹出的菜单中选择填充序列，则 Excel 2010 将快速对单元格区域 A2：A12 进行序列填充。

除此之外，还有两种方法可完成快速序列填充。第一种方法：分别在单元格 A2、A3 中输入等差序列的起始两项数值"1"、"2"，然后拖动鼠标至单元格 A12，Excel 2010 将自动计算步长值，快速完成该区域的序列填充，如图 3.17 所示。

第二种方法：在单元格 A2 中输入数值"1"，选中单元格区域 A2：A12，在"开始—编辑"组中，单击填充按钮"　"旁边的箭头，执行"系列"命令，调出"系列"对话框，如图 3.18 所示。在"序列产生在"单选框中选择"列","类型"单选框中选择"等差序列",步长采用默认值"1",点击"确定"按钮,即可完成序列填充。

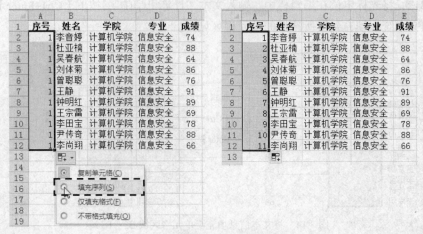

图 3.16 利用填充柄进行序列填充

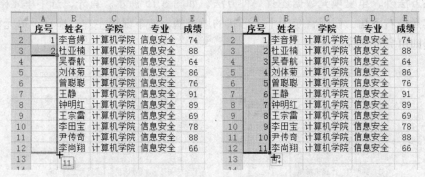

图 3.17 输入序列起始两项值完成序列填充

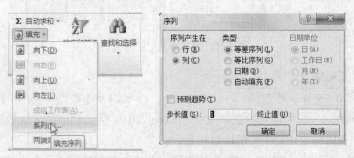

图 3.18 设定序列填充相关信息

在图 3.17 中,用户可能希望序号以"001"、"002"……的方式显示。Excel 2010 提供了设置单元格格式的功能,具体方法如下:选中指定单元格,如图 3.17 中的单元格 A2,然后在"开始—数字"组,单击其右下角的对话框启动器"□",或者使用快捷键【Ctrl+1】,调出"设置单元格格式"对话框选择"数字—分类—自定义",然后在右边的"类型"框中输入"000",表示文本的格式为:输入数值所占宽度为 3,当输入数值所占宽度不足三位时,自动在数值前补"0"。单击"确定"按钮返回工作表进行序列填充,宽度不足三位的数值前,已自动补足"0"。如图 3.19 所示。

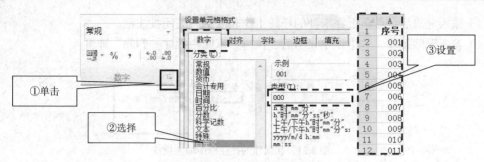

图 3.19　设置单元格格式为左补 "0"

3. 日期类型数据的输入和填充

Excel 2010 内置了一些日期时间的格式。常见的日期格式为：mm/dd/yy、dd-mm-yy、hh：mm（AM/PM），其中表示时间在 AM/PM 与分钟之间应有空格，如 7：20PM，缺少空格将被当作文本数据处理。

快速输入日期和时间有如下方法。

（1）任意日期与时间的输入：数字键与 "/" 或 "-" 配合可快速输入日期。数字键与 "：" 配合可输入时间。例如，输入 "3/25"，然后按【Enter】键即可得到 "3 月 25 日"。

（2）当前日期与时间的快速输入：选定要插入的单元格，按下快捷键【Ctrl+;】，然后按【Enter】键，即可插入当前日期。若要输入当前时间，按下快捷键【Ctrl+Shift+;】，然后按【Enter】键即可。可以按照上述方法在同一单元格中同时输入日期和时间，只需在输入时，用空格将二者隔开。

（3）日期和时间格式的快速设置：如果对日期或时间的格式不满意，可以右键单击该单元格，选定 "设置单元格格式—数字—日期" 或 "时间"，然后在类型框中选择即可。

日期类型数据的填充方式也和数值类型相似，如图 3.20 所示。在单元格 A2 中输入日期 "2013/11/1"，选中单元格区域 A2：A8。执行 "开始—编辑—填充" 命令，调出 "序列" 对话框。在 "序列产生在" 单选框中选择 "列"、"类型" 单选框中选择 "日期"、"日期单位" 单选框中选择 "工作日"，步长采用默认值 "1"，单击 "确定" 按钮后，工作表中的 "采购日期" 一列填充的日期均为工作日。

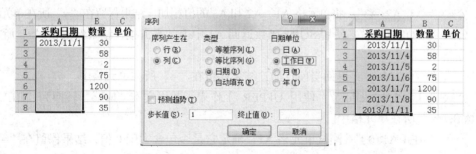

图 3.20　填充日期类型数据

4. 输入批注

在 Excel 2010 中，用户还可以为工作表中的某些单元格添加批注，用以说明该单元格中数据的含义或强调某些信息。在工作表中输入批注的具体步骤如下。

（1）选定需要添加批注的单元格。

（2）执行 "审阅—批注—新建批注"，或者选中单元格后，直接使用快捷键【Shift+F2】，在单元格旁边会出现浮动的批注框，在其中输入批注内容，如图 3.21 所示。

（3）输入完成后，单击批注卡外的任意工作表区域，关闭批注框。

（4）若要删除批注，选中该单元格后，执行"审阅—批注—删除"即可。

图 3.21 在新建的批注框中输入批注

3.3.3 输入公式和函数

在 Excel 2010 中，用户不仅可以输入文本、数值，还可以输入公式对工作表中的数据进行计算。通过在单元格中输入公式和函数，可以对表进行统计、平均、汇总以及其他更为复杂的运算，从而避免手工计算的复杂性和易错性，数据修改后公式的计算结果也会自动更新。

1. 使用公式

公式是可以进行以下操作的方程式：执行计算、返回信息、操作其他单元格的内容、测试条件等。公式始终以等号（＝）开头，由常量、单元格引用、函数和运算符组成。Excel 2010 中最常用的公式是数学公式，此外也可以进行一些比较运算、文字连接运算。

公式可以包含下列部分内容或全部内容：函数、引用、运算符和常量。公式的结构如图 3.22 所示。

对图 3.22 的说明如下。

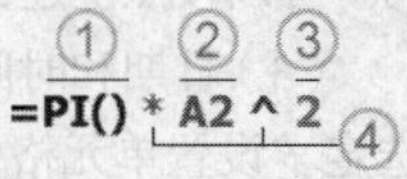

① 函数：PI()函数返回 PI 值：3.142…。

② 引用：A2 返回单元格 A2 中的值。

③ 常量：直接输入公式中的数字或文本值，如 2。

④ 运算符：实现数学、比较运算等功能。

图 3.22 公式的结构

下面举例说明可以在工作表中输入的公式类型。

① 公式"=5+2*3"：将 5 加到 2 与 3 的乘积中，结果保留在"="所在单元格中。

② 公式"=A1+A2+A3"：将单元格 A1、A2 和 A3 的值相加，结果保留在"="所在单元格中。

③ 公式"=SQRT(A1)"：使用 SQRT 函数返回 A1 中值的平方根，结果保留在"="所在单元格中。

④ 公式"=TODAY()"：返回当前日期，结果保留在"="所在单元格中。

⑤ 公式"=UPPER("hello")"：使用 UPPER 工作表函数将文本"hello"转换为"HELLO"。结果保留在"="所在单元格中。

⑥ 公式"=IF（A1>0）"：测试单元格 A1，确定它是否包含大于 0 值，结果保留在"="所在单元格中。

使用公式时，最重要的概念是引用。引用的作用在于标识工作表上的单元格或单元格区域，并告知 Excel 在何处查找要在公式中使用的值或数据。用户可以使用引用在一个公式中使用工作表不同部分中包含的数据，或者在多个公式中使用同一个单元格的值。还可以引用同一个工作簿中其他工作表上的单元格和其他工作簿中的数据。

对于单元格的引用有以下 3 种类型。

（1）相对引用：指直接使用单元格地址，如 A1。这是公式默认的引用方式。

（2）绝对引用：指单元格地址的行和列前都有 "$" 符号，如$A$1。

（3）混合引用：指只在单元格行或列前有有 "$" 符号，如$A1、A$1。

下面通过例题说明相对引用和绝对引用。

如图 3.23 中，在单元格 E3 中输入公式 "=B3*0.6+C3*0.2+D3*0.2"，按【Enter】键结束输入，则单元格 E3 中将保存根据 B3、C3、D3 得到的计算结果。如果要把根据 B4、C4、D4 得到的计算结果保存到 E4 中，把根据 B5、C5、D5 得到的计算结果保存到 E5 中，以此类推，可直接将鼠标移到单元格 E3 的右下角，待鼠标变为填充柄后，拖动至 E8。可以看到公式在复制和填充的过程中公式中的单元格引用会随着单元格位置改变而改变，如 E8 单元格公式变成了 "=B8*0.6+C8*0.2+D8*0.2"。可见，公式中的相对单元格引用是基于包含公式和单元格引用的单元格的相对位置。如果公式所在单元格的位置改变，引用也随之改变。如果将单元格 E3 中的公式修改为 "=$B$3*0.6+$C$3*0.2+$D$3*0.2"，则移动公式到单元格区域 E4：E8 时，公式在该区域的每个单元格中始终保持不变，都是 "=$B$3*0.6+$C$3*0.2+$D$3*0.2"，其计算结果将都是 81。可见，公式中的绝对单元格引用总是在特定位置引用单元格。如果公式所在单元格的位置改变，绝对引用将保持不变。

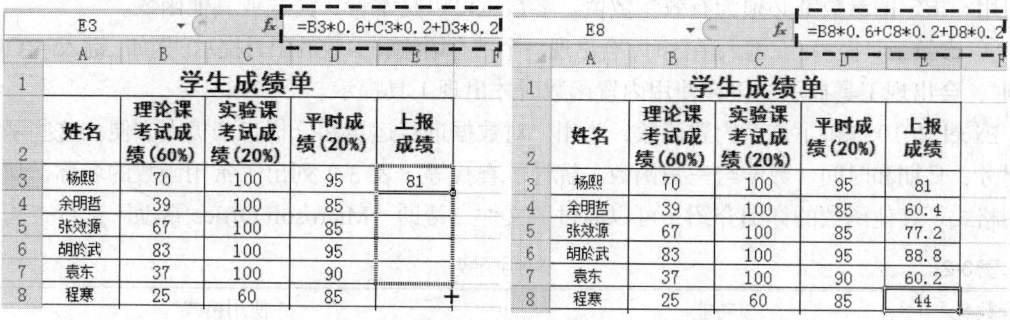

图 3.23 单元格区域 E3：E8 在填充公式前后对比

思考：如果在单元格 E3 中输入公式 "=B$3*0.6+$C3*0.2+D3*0.2"，把 E3 单元格中的公式填充到单元格 E5 处，请问单元格 E5 中的公式会是什么？

公式中常用的运算符如表 3-1 所示。

表 3-1 公式中的常用运算符

运算符类型	运算符名称
算术运算符	加（+）、减（－）、乘（*）、除（/）、百分号（%）、乘方（^）
关系运算符	=、>、<、>=、<=、<>
文字连接符	&
区域引用（符	:

当多个运算符同时出现在公式中时，Excel 对运算符的优先级做了严格规定。数学运算符中从高到低分 3 个级别：百分号和乘方、乘和除、加和减。比较运算符优先级相同。3 类运算符又以数学运算符最高，文字连接符次之，最后是比较运算符。优先级相同时，按从左到右的顺序计算。

这里仅介绍不常用的文字连接符和区域运算符的用法。

【例 1】 文字连接符。

在单元格 A1 中输入公式"="我爱"&"中国"",单元格 A1 中的结果是"我爱中国"。

【例2】 区域运算符。

在单元格 B2 中输入公式"=SUM（A1：F1）",单元格 B2 中的结果是 A1 至 F1 单元格中所有数值之和。

2. 使用函数

Excel 2010 中,函数是预定义的公式,通过使用一些称为参数的特定数值来特定的顺序或结构执行计算。一些复杂的运算如果由用户自己设计公式计算将会很麻烦,甚至无法做到（如开平方）。图 3.24 所示为函数的语法结构。

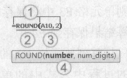

图 3.24 函数的语法结构

对图 3.24 的说明如下。

① 函数的结构:以等号（=）开始,后面紧跟函数名称和左括号,然后以逗号分隔输入该函数的参数,最后是右括号。

② 函数名称:如果要查看可用函数的列表,可单击一个单元格并按快捷键【Shift+F3】。

③ 参数:参数可以是数字、文本、TRUE 或 FALSE 等逻辑值、数组、#N/A 等错误值或单元格引用。指定的参数都必须为有效参数值。参数也可以是常量、公式或其他函数。

④ 参数工具提示:在键入函数时,会出现一个带有语法和参数的工具提示。例如,键入=ROUND（）时,会出现工具提示。仅在使用内置函数时才出现工具提示。

Excel 2010 提供了许多内置函数,为用户对数据进行运算和分析带来极大方便。这些函数包括财务、日期和时间、数学与三角函数、统计、查找等。表 3-2 列出了常用函数的名称、功能和使用格式。其他函数的详细介绍,可以通过"文件—帮助—Microsoft Office 帮助"进行查阅。

表 3-2 常用函数

函数名	功能	使用格式
AVERAGE	求出所有参数的算术平均值	AVERAGE(n1, n2,…)
COUNTIF	统计某个单元格区域中符合指定条件的单元格数目	COUNTIF（Range, Criteria） Range：要统计的单元格区域 Criteria：指定的条件表达式
DATE	返回表示特定日期的连续序列号	DATE(year, month, day)
IF	根据对指定条件的逻辑判断的结果,返回相应的内容	IF(Logical, Value_if_true, Value_if_false) Logical：逻辑判断表达式 Value_if_true：判断结果为 TRUE 时显示的值 Value_if_false：判断结果为 FALSE 时显示的值
MAX	求出一组数中的最大值	MAX(n1, n2,…)
ROUND	将数字按照指定位数四舍五入	ROUND（number, num_digits） number：要四舍五入的数字 num_digits： 位数,按此位数对 number 参数进行四舍五入
SUM	计算所有参数数值的和	SUM(n1, n2,…)
SUMIF	计算符合指定条件的单元格区域内的数值和	SUMIF（Range, Criteria, Sum_Range） Range：进行条件判断的单元格区域 Criteria：指定的条件表达式 Sum_Range：需要计算数值的单元格区域

【例3】　利用函数对图 3.25 中的研究生入学考试成绩进行如下分析。

（1）已知入学考试分数线为 310 分，统计上线人数。

（2）统计入学考试平均分。

（3）计算"政治理论"课考分在 50 分以上的学生其英语成绩总和。

	A	B	C	D	E	F
1	考生编号	政治理论	外国语	业务课一	业务课二	总分
2	102001	44	37	115	136	332
3	102002	39	28	90	61	218
4	102003	49	48	114	92	303
5	102004	54	47	112	122	335
6	102005	45	39	115	131	330
7	102006	53	47	129	134	363
8	102007	51	44	110	117	322
9						
10	上线人数					
11	平均分					

图 3.25　研究生入学考试成绩表

在图 3.26 中，选中单元格 B10，在其中输入函数统计上线人数。输入函数的方法有插入函数和直接输入法两种。一般使用插入函数比较方便。在单元格 B10 中，按快捷键【Shift+F3】，调出"插入函数"对话框，如图 3.26 所示。在"搜索函数"框中输入想要使用的函数，单击"转到"按钮，下方的"选择函数"列表框将自动列出检索到的相关函数。如果用户不清楚需要的功能所对应的函数名，也可在"或选择类别"下拉框的分类中查找函数所在的功能分类，选定分类后，即可在"选择函数"列表框中选择需要的函数，单击"确定"按钮。Excel 2010 将自动调出"函数参数"对话框，用户在其中填入参数，单击"确定"按钮，这就完成了函数输入，如图 3.26 所示。

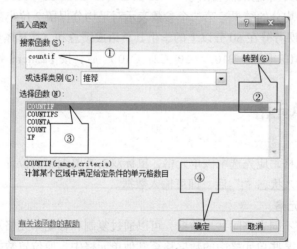

图 3.26　"插入函数"对话框

在图 3.27 中，在"Range"文本框中输入统计的单元格区域，这里"F：F"表示 F 列的全部单元格。用户也可以通过单击文本框后面的"折叠对话框"按钮，自行在工作表中选择所需单元格区域。并在"Criteria"文本框中输入统计条件">=310"，单击"确定"按钮，即可在单元格 B10 中得到统计结果，如图 3.28 所示。可以从编辑栏看出，单元格 B10 中根据"插入函数"对话框生成的函数，Excel 2010 自动为条件表达式添加了一对双引号。如果用户是在单元格 B10 中手动输入函数，切记要为条件表达式添加双引号，否则为不符合公式的语法结构。

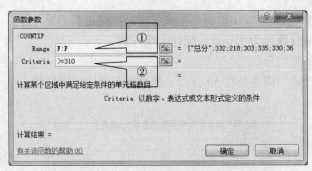

图 3.27 "函数参数"对话框

	考生编号	政治理论	外国语	业务课一	业务课二	总分
1	考生编号	政治理论	外国语	业务课一	业务课二	总分
2	102001	44	37	115	136	332
3	102002	39	28	90	61	218
4	102003	49	48	114	92	303
5	102004	54	47	112	122	335
6	102005	45	39	115	131	330
7	102006	53	47	129	134	363
8	102007	51	44	110	117	322
9						
10	上线人数	5				
11	平均分					

图 3.28 利用"插入函数"对话框生成的函数及其统计结果

本例中，统计入学考试平均分的具体步骤如下：选中单元格 B11，输入函数 "=AVERAGE（F2：F8）"后，按【Enter】键，即可得到统计结果 "314.714"。如果想对小数点后两位进行四舍五入，可以在单元格 B11 中输入嵌套函数 "=ROUND（AVERAGE（F：F），2）"。ROUND 函数的第一个参数是计算平均分的结果，第二个参数表示对平均分保留 2 位小数，并四舍五入。

计算"政治理论"课考分在 50 分以上的学生其英语成绩总和，其具体步骤如下：选中单元格 D10，输入函数 "=SUMIF（B2：B10,">=50",C2：C10）"后，按【Enter】键，即可得到统计结果 "138"。

3.3.4 编辑单元格

1. 编辑单元格

若需编辑指定单元格，应先选中该单元格，鼠标双击需要编辑的位置，鼠标的形状由选定单元格状态 "✛" 变成插入状态 "|" 后，即可输入数据。

2. 复制和移动单元格

很多时候，需要在不同表格间共享数据，可以通过复制和移动单元格及其区域实现。移动单元格数据是指将输入在某些单元格中的数据移至其他单元格中，原位置数据在移动后即被清除。复制单元格或单元格区域数据是指将某个单元格或单元格区域数据复制到指定位置，原位置的数据仍然存在。

复制单元格的具体过程如下。

（1）选中需要复制的单元格或者单元格区域。

（2）执行"开始—剪贴板—复制"命令或者直接使用快捷键【Ctrl+C】，这时，被复制的区域会闪烁。

（3）鼠标移至粘贴操作的目的区域左上角的单元格，执行"剪贴板—粘贴"命令或者使用快捷键【Ctrl+V】即可。

注意，若需在粘贴单元格时选择特定选项，可单击粘贴按钮下面的箭头，然后单击所需选项。例如，单击"粘贴数值"栏中的"粘贴数值和格式"。默认情况下，Excel 2010 会在工作表上显示"粘贴选项"按钮（如"保留源格式"），以便在粘贴单元格时提供特殊选项。如果用户不希望在每次粘贴单元格时都显示此按钮，则可以关闭此选项。单击"文件—选项"，在"高级"类别的"剪切、复制和粘贴"下，清除"粘贴内容时显示粘贴选项按钮"复选框。

移动单元格的过程类似，选中需要移动的单元格或者单元格区域，执行"开始—剪贴板—剪切"命令或者直接使用快捷键【Ctrl+X】，粘贴过程和复制单元格的步骤一样。

3. 插入或删除单元格、行和列

在工作表中插入空白单元格的方法如下。

（1）选中要插入新空白单元格的单元格或单元格区域，注意确保选中的单元格数量应与要插入的单元格数量相同。例如，要插入五个空白单元格，请选中五个单元格。

（2）执行"开始—单元格—插入—插入单元格"命令，如图 3.29 所示。也可以右键单击所选的单元格，然后单击"插入"。

（3）在"插入"对话框中，选中相应的插入方式，单击"确定"按钮即可，如图 3.30 所示。

图 3.29　插入单元格

图 3.30　"插入"对话框

图 3.30 中，各单选按钮含义如下。

（1）"活动单元格右移"单选按钮：插入新单元格在选定单元格的左边。

（2）"活动单元格下移"单选按钮：插入新单元格在选定单元格的上方。

（3）"整行"单选按钮：在选定的单元格上面插入一行，如果选定的是单元格区域，则选定单元格区域包括几行就插入几行。

（4）"整列"单选按钮：在选定的单元格左侧插入一行，如果选定的是单元格区域，则选定单元格区域包括几列就插入几列。

在工作表中插入行的方法是：选择要在其上方插入新行的整行，这里是第 1 行，或者选中第 1 行的任意单元格，执行"开始—单元格—插入—插入工作表行"命令，或者直接右键单击所选行，然后单击"插入"即可。注意：如果要快速重复插入行的操作，请单击要插入行的位置，然后按快捷键【Ctrl+Y】。

在工作表中插入列的方法和插入行类似：选择要在紧靠其右侧插入新列的列或该列中的一个单元格。例如，要在 B 列左侧插入一列，请单击 B 列中的一个单元格，执行"开始—单元格—插入—插入工作表列"命令即可。

在工作表中删除不需要的单元格的具体步骤如下。

（1）选定要删除的行、列、单元格或者单元格区域。

（2）执行"开始—单元格—插入—插入单元格"命令，调出"删除"对话框。

（3）选中需要的单选按钮，单击"确定"按钮，如图 3.31 所示。

"删除"对话框各单选按钮含义如下。

（1）"右侧单元格左移"单选按钮：选定的单元格或单元格区域被删除，其右侧已存在的单元格或者单元格区域将填充到该位置。

（2）"下方单元格左移"单选按钮：选定的单元格或者单元格区域被删除，其下方已存在的单元格或者单元格区域将填充到该位置。

（3）"整行"单选按钮：选定的单元格或单元格区域所在的行将被删除。

（4）"整列"单选按钮：选定的单元格或单元格区域所在的列将被删除。

4. 合并和拆分单元格

很多时候，需要设置不规则的表格，如图 3.32 所示，单元格 A1 是由多个单元格合并而成。合并单元格只需选中待合并区域，然后执行"开始—对齐方式—居中"命令即可。

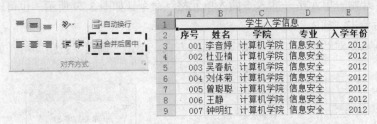

图 3.32　合并单元格区域 A1：E1

拆分单元格很简单，选择合并的单元格，此时，合并后居中按钮"▣"在"对齐"组中也显示为选中状态。单击该按钮，单元格即被拆分为原始单元格。

5. 隐藏单元格内容

有时出于保密或隐私保护的需要，可以将工作表中的某行或某列隐藏起来，待查看时再显示。隐藏单元格的方法是：选中需要隐藏的行或列，执行"开始—单元格—格式"命令，从下拉菜单中选择"隐藏和取消隐藏—隐藏行"或"隐藏列"，即可完成对行或列的隐藏，如图 3.33 所示。

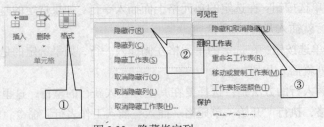

图 3.33　隐藏指定列

如果要取消隐藏列，需要选择隐藏列前后两列单元格，仍然通过上述方法，在图 3.32 中选择"取消隐藏列"即可。如果不清楚或者忘记了隐藏列前后两列单元格的所在位置，可以通过查找的方式找到工作表上隐藏单元格的位置。具体步骤如下。

（1）单击要查找的隐藏行和隐藏列的工作表。

（2）执行"开始—编辑—查找和选择—定位条件"命令，如图 3.33 所示。

（3）在"定位条件"对话框中，单击"可见单元格"单选按钮，然后单击"确定"按钮。所有可见单元格都会被选中，并且与隐藏行和隐藏列相邻的行和列的边框被标记为白色边框。

6. 单元格之间创建链接

同一工作簿中单元格之间创建链接的过程就像复制数据的过程。当建立链接关系的几个单元格中某一个的内容发生了变化，则其他单元格中的内容也将相应发生改变。具体操作步骤如下。

（1）选中粘贴单元格区域，单击鼠标右键，在弹出的快捷菜单中单击"选择性粘贴"命令，调出"选择性粘贴"对话框，如图 3.35 所示。

（2）在对话框中选择合适的粘贴内容，单击"粘贴链接"按钮，即可在同一工作表的不同单元格之间建立链接。

若要在同一工作簿的不同工作表的单元格之间建立链接，其方法和结果是一样的。

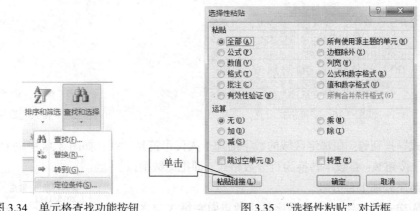

图 3.34　单元格查找功能按钮　　　　图 3.35　"选择性粘贴"对话框

3.4　工作表的格式化

在工作表中输入数据后，为使工作表更加规范、美观，Excel 2010 为用户提供了多种格式化功能和工具，使表格制作达到理想效果。

3.4.1　数据的格式化

数据的格式化主要包括设置字符格式和设置数字格式。

1. 设置字符格式

为了使表格的标题和重要的数据等更加醒目、直观，就需要对单元格中的进行格式设置，主要包括设置文本的字体、字号、颜色等操作，这些操作集中在"开始—字体"组中，以命令的形式提供给用户，具体设置步骤如下。

（1）选定要设置字体的单元格或单元格区域。

（2）在"开始—字体"组中，在"字体"下拉框中选择"宋体"选项，并选择加粗命令"**B**"，在"字号"下拉框中选择"18"，在"颜色"下拉框中选择"红色"，结果如图 3.36 所示。

另外，用户也可以在选定的单元格上单击鼠标右键，在弹出的快捷菜单中选择"设置单元格格式"命令，调出"单元格格式"对话框。单击"字体"选项卡，即可在其中设置字体、字形、字号、颜色等。

2. 设置数字格式

在单元格中输入数字，通常按默认格式显示，但这种格式可能无法满足用户的要求。例如，财务报表中的数据常用的是货币格式。为了满足用户特定的格式要求，Excel 2010 针对常用数字格式，实现进行了设置并加以分类，主要包含常规、数值、货币、会计专用、日期、百分比、分数、科学计数、文本、特殊以及自定义数字格式。

（1）快速格式化数字

“开始—数字”组功能区提供了几种常用工具，用于快速格式化数字，具体操作步骤如下：选定需要格式化数字的单元格或者单元格区域，单击“数字”组中的相应按钮即可。“数字”组中各按钮如图 3.37 所示，各按钮含义从左到右介绍如下。

	A	B	C	D	E
1	学生成绩清单				
2	序号	姓名	学院	专业	成绩
3	008	王宗雷	计算机学院	信息安全	99
4	006	王静	计算机学院	信息安全	91
5	010	尹传奇	计算机学院	信息安全	88
6	004	刘体	计算机	信息安全	86
7	009	李田宝	计算机学院	信息安全	78
8	005	曾聪聪	计算机学院	信息安全	76

图 3.36　字符格式设置

图 3.37　格式化数字按钮

“货币样式”按钮：在选定区域的数字前加上人民币符号“¥”，如图 3.38 中的 C 列所示。

“百分比”按钮%：将数字转换为百分数格式，即把原数乘以 100，然后在结尾处加上百分号。

“千分分隔样式”按钮 ’：使数字从小数点向左每 3 位之间用逗号分隔。

“增加小数位数”按钮：每单击一次该按钮，可使选定区域数字的小数位数增加一位。

“减少小数位数”按钮：每单击一次该按钮，可使选定区域数字的小数位数减少一位。

	A	B	C
1	采购日期	数量	单价
2	2013/11/1	30	¥ 175.35
3	2013/11/4	58	¥ 699.15
4	2013/11/5	2	¥15,909.00
5	2013/11/6	75	¥ 87.30
6	2013/11/7	1200	¥ 1.00
7	2013/11/8	90	¥ 21.70
8	2013/11/11	35	¥ 6.00

图 3.38　使用“货币样式”按钮格式化单价

另外，用户也可以使用快捷键【Ctrl+1】调出“单元格格式”对话框，在“数字—分类”列表框中选择合适的数字格式。

（2）自定义数字格式

虽然 Excel 2010 提供了许多预设的数字格式，但有时还需要一些特殊的格式，这就需要用户自定义数字格式，具体步骤如下：选定要格式化数字的单元格或者单元格区域，使用快捷键【Ctrl+1】调出“单元格格式”对话框，选择“数字—分类—自定义”选项，并且在“类型”列表框中输入自定义数字格式。

创建自定义数字格式前，有必要了解几个常用的定义数字格式的代码，各代码含义如下。

#：只显示有意义的数字而不显示无意义的 0。

0：显示数字，如果数字位数少于格式中 0 的个数，则显示无意义的 0。

?：为无意义的 0 在小数点两边添加空格，以便使小数点对齐。

,：为千位分隔符或者将数字以千倍显示。

（3）自定义数字格式规范

自定义数字格式有自己的规范，共 4 部分，依次为正数格式、负数格式、零值格式和文本格式。用户可以根据需要选用这 4 部分中一个或者多个甚至全部，各部分之间用分号隔开。应用时 Excel 2010 会自动根据数据是正数、负数、0 或者文本套用相应格式。如图 3.39 所示，选中单元格区域 B1：C10，在"类型"文本框中输入"#,###;[红色]-#,###.00;0.000;[绿色]"，在这里用了自定义数字格式的 4 个部分。单击"确定"按钮后，选中的单元格区域中，负数小数位数有 2 位，颜色变为红色，0 值小数位数有 3 位，文本信息变成了绿色。

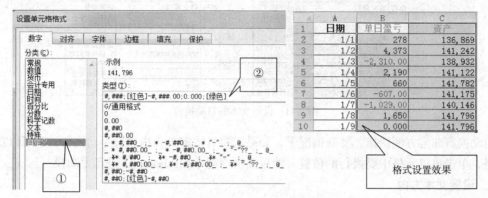

图 3.39　自定义单元格区域 B1：C10 的格式规范

3.4.2　单元格的格式化

单元格的格式化主要包括对单元格对齐方式、单元格边框、底纹图案等进行设定。用户既可以对工作表的全部单元格进行格式化，也可以对部分单元格进行初始化。这取决于用户操作工作表的实际情况。

1. 设置对齐方式

文本的对齐方式包括水平对齐和垂直对齐方式。水平对齐指数据在单元格中横向对齐，垂直对齐指数据在单元格中纵向对齐。默认情况下，单元格中的文本水平左对齐，数值水平右对齐，数据在单元格的垂直方向上居中对齐。用户可根据需求设置不同的对齐方式，如图 3.40 所示。选中单元格 A1，在"开始—对齐方式"组中，有两排设置文本对齐方式的按钮，上排为垂直对齐方式，下排为水平对齐方式。单击居中按钮"≡"，单元格 A1 中的文本即可居中显示。还可以使用快捷键【Ctrl+1】，调出"设置单元格格式"对话框，在"对齐—文本对齐"组中，"水平对齐"下拉框选择"居中"。按照上述方法，也可选中图 3.40 中的单元格区域 A3：C3，设置该区域中的文本水平居中。

图 3.40　设置文本水平居中

2. 设置自动换行

如果单元格中数据过多，超出列宽，如图 3.40 中的 B 列和 C 列，Excel 默认只显示列宽范围内的文本。如果希望数据在单元格内以多行显示，可以设置单元格自动换行，也可以手动输入换行符。

设置自动换行的具体过程是：选中图 3.41 中的 B 列和 C 列，在"开始"选项卡的"对齐方式"组中，单击自动换行按钮"☰"，则 B 列和 C 列单元格区域中的数据自动换行显示。

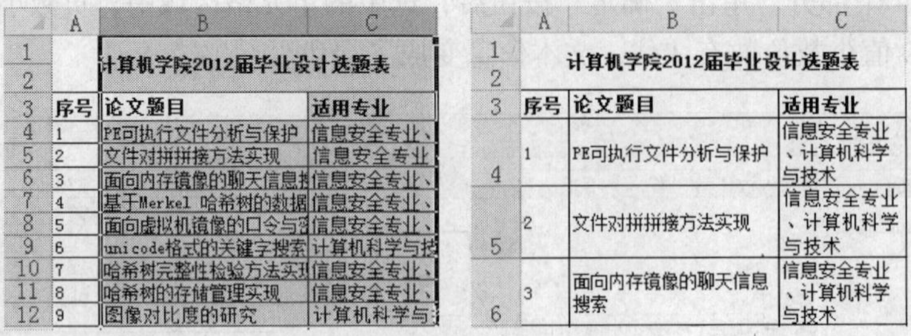

	计算机学院2012届毕业设计选题表	
序号	论文题目	适用专业
1	PE可执行文件分析与保护	信息安全专业、计算机科学与技术
2	文件对拼拼接方法实现	信息安全专业、计算机科学与技术
3	面向内存镜像的聊天信息搜索	信息安全专业、计算机科学与技术

图 3.41　设置文本的自动换行

自动换行非常方便快捷，特殊情况下，如果需要对特定单元格进行手动换行，也可以双击该单元格，单击该单元格中要换行的位置，然后按快捷键【Alt+Enter】，进行手动换行。

3. 设置文本方向

在制作表格时，有时需要更改文字的方向，可按如图 3.42 的步骤按成：选中指定单元格，在"开始—对齐方式"组中，单击方向按钮"❖▾"，弹出的菜单包含多个选项。"逆时针角度"选项将单元格中的文字逆时针旋转 45°。"顺时针角度"选项则代表顺时针旋转 45°。如果想选择任意角度，可以选择"设置单元格对齐方式"，或者直接使用快捷键【Ctrl+1】，调出"设置单元格格式"对话框。在"对齐—方向"选项区中，通过旋转指针方向可以设定文本的任意角度，单击按钮"确定"即可，如图 3.42 所示。

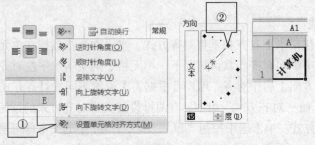

图 3.42　设置任意角度的文字方向

3.4.3　调整行高和列宽

新建工作簿时，默认工作表中每行、每列是等宽的。Excel 2010 允许用户调整行高和列宽，具体有以下几种方法。

1. 鼠标拖动调整行高和列宽

将鼠标放至两列分界线上，待鼠标形状变为"➕"后，按住鼠标左键向左或右拖动，拖到所需宽度时，释放鼠标左键即可。手动调整行高类似，将鼠标移至两行分界线上，待鼠标形状变化后，向上或向下拖动至理想处，释放鼠标左键即可。

2. 设置精确的行高和列宽

选中需要调整的单元格区域，比如某行（列）、全部单元格等，执行"开始—单元格—格式—行高"命令，调出"行高"对话框，在文本框中输入指定行高，单击"确定"按钮，则指定单元格区域的全部单元格均为指定行高。列宽精确设置方法类似，在下拉菜单中选择"列高"选项，其余步骤相同。

3. 自动调整行高和列宽

选中需要调整的单元格区域，比如某行（列）、全部单元格等，执行"开始—单元格—格式—自动调整行高"命令，Excel 2010 将根据单元格中内容多少自动调整行高。自动调整列宽的方法类似，在弹出的下拉菜单中选择"自动调整列宽"选项，其余步骤类似。

3.4.4　设置边框和底纹

为使制作的表格更加规范、美观，可为表格设置边框样式和底纹颜色。

1. 设置边框

为表格设置预定义单元格边框的具体步骤如图 3.43 所示。选中单元格区域 B2：F14，在"开始—字体"组中，单击边框按钮" 田 ▾ "旁边的箭头。在弹出的菜单中提供了多种预定义边框，选择"所有框线"后，即为所选区域的所有单元格设置了边框。

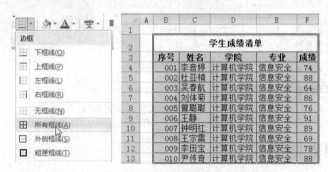

图 3.43　为单元格设置所有边框

若要应用自定义的边框样式或斜向边框" ◣ "、" ◪ "，如图 3.44 所示，请执行如下步骤：选中单元格 B2，然后单击边框按钮旁边的箭头，在弹出菜单中选择"其他边框"，或者使用快捷键【Ctrl+1】，调出"单元格格式"对话框。在"边框"标签页下，可以设置边框的样式、颜色，这里采用默认的样式和颜色。并在右边的"预置"功能区中，选择" ◣ "，单击"确定"按钮，即可在单元格 B2 中添加斜向边框。

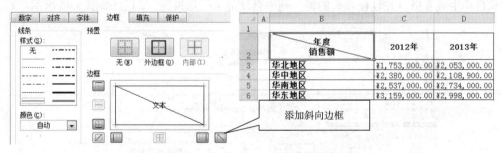

图 3.44　为单元格 B2 添加斜向边框

向图 3.44 中单元格 B2 写入斜向边框上下方文本的方法是：双击该单元格，在光标变为插入状态后，首先输入"年度"，再用组合键【Alt+Enter】在单元格内手动换行，输入"销售额"后，重新选中该单元格，在"开始—对齐方式"组中选择水平居中" ≡ "。

要删除单元格边框，在选中该单元格后，单击边框按钮旁边的箭头，然后单击"无边框"。

2. 设置底纹

为单元格设置底纹主要有纯色填充和图案填充两种方法。

　　纯色填充的具体步骤是：选择要应用底纹的单元格，在"开始—字体"组中，单击颜色填充" 🎨 ▾"旁边的箭头，然后在"主题颜色"或"标准色"下面，单击所要的颜色。若要用自定义颜色填充单元格，单击"填充颜色"旁边的箭头，单击"其他颜色"，然后在"颜色"对话框中选择所要的颜色。

　　图案填充的具体步骤是：选中要应用底纹的单元格，使用快捷键【Ctrl+1】调出"设置单元格格式"对话框。在"填充—背景色"功能区中，单击要使用的背景色。若要使用包含两种颜色的图案，请在"图案颜色"框中单击另一种颜色，然后在"图案样式"框中选择图案样式。若要使用具有特殊效果的图案，请单击"填充效果"，然后在"渐变"选项卡上单击所需的选项。图3.45 设置了包含两种颜色的图案底纹。

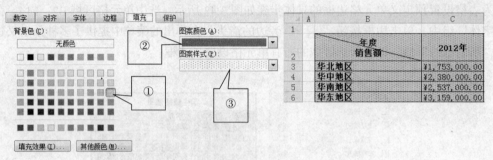

图 3.45　设置两种颜色的图案底纹

3.4.5　套用表格格式

　　Excel 提供了多种预定义的表格样式，可以快速设置一组单元格的格式，并将其转换为表格。具体步骤如下：选中单元格区域后，执行"开始—样式—套用表格格式"命令，在弹出的菜单中，按照颜色深浅把所有预定义的表格样式分为浅色、中等深浅、深色三组。选定自己需要的样式后，会弹出"套用表格样式"对话框。如果选中对话框中的"表包含标题"复选框，则套用格式后，会自动将所选区域的第一行设置为表格标题。如果没有选中该复选框，套用格式后，会自动在所选表格区域上方增加一行，用于编排表格标题。单击"确定"按钮后，所选单元格区域即按照指定样式自动生成表格，并且在表头的每一列中自动显示筛选按钮"▾"，如图 3.46 所示。

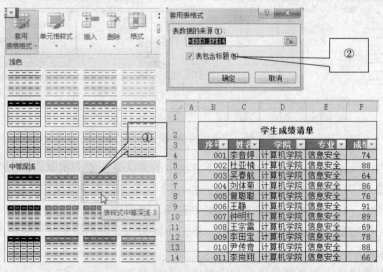

图 3.46　对单元格区域 B3：F14 套用表格样式

如果想取消表格样式，在选中单元格区域后，在"表格工具—设计—表格样式"组中，单击位于滚动条下方的其他按钮"▾"。在弹出的菜单底部选择"清除"后，可以看见单元格区域的表格样式已清除，但是表头的筛选功能仍然保留。如果想取消筛选功能，在"表格工具—设计标签页—工具"组中，单击转换为区域按钮"▦"，即可将表格中的区域转换为普通的单元格区域，区域中的数据仍然保留。

3.4.6　设置条件格式

条件格式基于条件更改单元格区域的外观，如果条件为 True，则基于该条件设置单元格区域的格式；如果条件为 False，则不基于该条件设置单元格区域的格式。条件格式可以将数据中的特定问题以特殊的格式直观地展示出来。

使用条件格式的主要目的有：突出显示所关注的单元格或单元格区域；强调异常值；使用数据条、颜色刻度和图标集来直观地显示数据。

Excel 2010 预定义了 5 类条件格式，能满足用户绝大部分的需要。5 类条件格式分别是：

（1）突出显示单元格规则

突出显示单元格格式通过设置特定条件来突出显示满足所设置条件的单元格。这些条件大多基于关系运算，如大于、小于、等于、介于等关系。

（2）项目选取规则

项目选区规则以数据统计的方法突出显示区域中值最大（小）的前 10 或前 10%对应的单元格，还可以指定大于或小于平均值的单元格。

（3）数据条

数据条可以帮助用户查看某个单元格相对于其他单元格的值。数据条的长度代表单元格中的值。数据条越长，表示值越高，数据条越短，表示值越低。在观察大量数据（如节假日销售报表中最畅销和最滞销的玩具）中的较高值和较低值时，数据条尤其有用。

（4）色阶

色阶作为一种直观的指示，可以帮助用户了解数据分布和数据变化。Excel 主要采用双色和三色色阶对不同单元格进行对比。双色刻度使用两种颜色的渐变来帮助用户比较单元格区域。颜色的深浅表示值的高低。例如，在绿色和红色的双色刻度中，可以指定较高值单元格的颜色更绿，而较低值单元格的颜色更红。三色刻度使用三种颜色的渐变来帮助用户比较单元格区域。颜色的深浅表示值的高、中、低。例如，在绿色、黄色和红色的三色刻度中，可以指定较高值单元格的颜色为绿色，中间值单元格的颜色为黄色，而较低值单元格的颜色为红色。

（5）图标集

使用图标集可以对数据进行注释，并可以按阈值将数据分为三到五个类别。每个图标代表一个值的范围。例如，在三向箭头图标集中，绿色的上箭头代表较高值，黄色的横向箭头代表中间值，红色的下箭头代表较低值。

下面通过两个例子说明条件格式的应用。

【例 4】将《大学计算机基础》的考试成绩清单中不及格的学生突出显示出来。

选中图 3.47 中成绩一列，即 E 列。执行"开始—样式—条件格式"命令，在弹出的菜单中选择"突出显示单元格规则|小于..."，调出"小于"对话框，在文本框中输入"60"，表示对成绩小于 60 分的单元格进行格式设置。设置的具体格式在"设置为"下拉列表中选择"自定义格式"，单击"确定"按钮后，会弹出"设置单元格格式"对话框。该对话框主要对满足条件的单元格进

行字体颜色和形状、单元格背景色等设置。这里将字形设置为"加粗倾斜"、字体颜色设置为红色、单元格背景色设置为黄色。单击"确定"按钮，学生成绩清单中，成绩小于60分的单元格被突出显示。

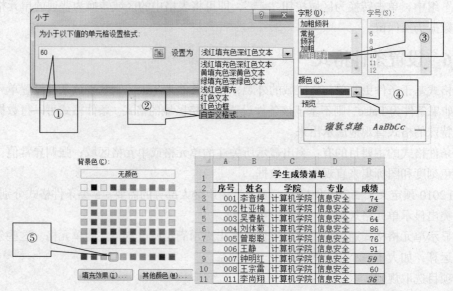

图 3.47 将不及格的成绩突出显示

【例5】准对某公司的运营状况和资产状况，突出显示其每天的盈亏和资产增减。

在图 3.48 中，选中单元格区域 B2：B9，单击条件格式按钮" "下面的箭头，在弹出的菜单中选择"数据条"，在其级联菜单中选择"渐变填充|蓝色数据条"。选中单元格区域 C2：C9，单击条件格式按钮" "下面的箭头，在弹出的菜单中选择"图标集|方向"，在其级联菜单中选择三向箭头，即可完成表格的条件格式设置。

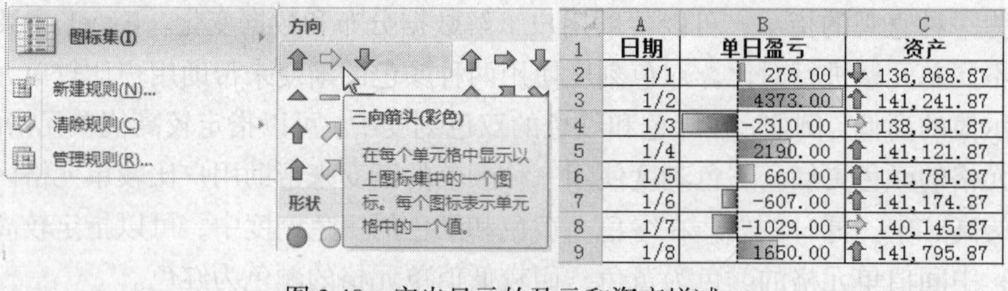

图 3.48 突出显示的盈亏和资产增减

除了预定义的 5 类规则外，用户还可以单击菜单中的"新建规则"，定义符合自己需求的规则。

如果想删除表中的条件格式，选中指定单元格区域，单击条件格式按钮下的箭头，在弹出的菜单中选择"清除规则|清除所选单元格的规则"即可。

3.5 数据的图表化

Excel 2010 以图表的方式实现了数据可视化。为数据建立图表，可以直观看出数据间的相互关系，并有助于发现数据发展的趋势。

3.5.1　Excel 的图表类型

Excel 2010 提供了 11 种标准的图表类型，每一种都有多种组合和变换。可根据不同的数据和使用要求，选择不同类型的图表。图表的选择主要同数据的形式有关，其次才考虑美观性。这里重点简介几种常用的图表类型。

1. 柱形图

柱形图由一系列垂直条组成，通常用于显示一段时间内的数据变化或说明各项之间的比较情况。柱形图中，通常沿横坐标轴组织类别，沿纵坐标轴组织值。柱状图包括二维、三维柱形图和圆柱图、圆锥图、棱柱图。

2. 折线图

折线图可以显示随时间而变化的连续数据（根据常用比例设置），因此非常适用于显示在相等时间间隔下数据的趋势。在折线图中，类别数据沿水平轴均匀分布，所有的值数据沿垂直轴均匀分布。折线图包括二维折线图和三维折线图。

3. 饼图

对比几个数据在其形成的总和中所占百分比值时，多用饼图表示。整个饼代表综合，每一个数据用一个楔形或者薄片代表。比如，表示不同产品的销售量占总销售量的百分比、各单位经费占总经费的比例、收集的藏书中每一类占多少等。饼图也分为二维饼图和三维饼图。

4. 条形图

条形图有一系列水平条组成，使得对于时间轴上的某一点，或者多个项目的相对尺寸有可比性。比如，可以比较每个季度，三种产品中任意一种的销售数量。条形图中的每一天在工作表上都是一个单独的数据。由于条形图和柱形图的横纵坐标轴刚好调过来，所以有时可以互换使用。

3.5.2　创建图表

这里以学生成绩清单为例，说明图表的创建步骤。创建图表时，应先创建或打开学生成绩清单表，选中需要图表显示的数据，即单元格区域 B3：B13 和 E3：E13，执行"插入—图表—柱形图—二维柱形图|簇状柱形图"命令，即可为学生成绩清单表创建柱形图，如图 3.49 所示。在默认情况下，Excel 创建的图表有两个对数据进行度量和分类的坐标轴：垂直轴（代表数值，也称为数值轴）和水平轴（代表分类，也称为分类轴），图 3.49 中，水平轴代表学生姓名，垂直轴代表成绩。图中所有高低不等的柱形条构成一组体现成绩的二维数据，称为系列，这里是成绩系列。系列由若干水平轴上的点和垂直轴上的值构成。比如，原数据表中的行 3 对应的数据为（李音婷，74 分），则在图中称为：系列"成绩"中，点"李音婷"，值：74。位于垂直和水平轴旁边的数值或文本称为刻度线标签，用于标识图标上的分类、值、系列。

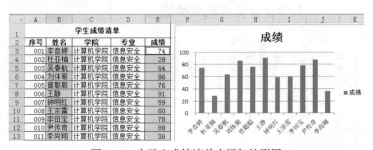

图 3.49　为学生成绩清单表添加柱形图

将鼠标移至某一柱形条上,即可查看该学生对应的成绩值。如果用户更改了单元格中的数据,图表也会根据用户修改的值重新更新图表内容。

3.5.3　编辑图表

1. 为图表设置标题

用户可以为创建好的图表创建或者更改标题。如果是更改标题,直接选中现有标题,单击标题内的文字后,标题变为编辑状态,直接输入标题即可。创建标题的具体步骤是:单击图表,在"图表工具—布局—标签"组中,单击图表标题按钮"▦"下面的箭头,在弹出菜单中选择"图表上方",即可在图表上方创建标题。如图 3.50 所示。

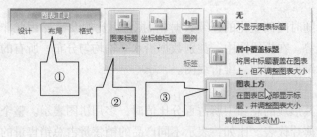

图 3.50　创建图表标题

2. 交换横纵坐标轴

如果用户希望交换横纵坐标轴重新生成图表,可以在"图表工具—设计—数据"组中单击切换行列按钮"▦",即可交换当前图表中的行列,并重新生成数据。

3. 设置坐标轴标题和标签对齐方式和方向

在默认情况下,图表的坐标轴标题不会显示。为增加图表的可读性,Excel 2010 提供了设置坐标轴标题的功能。具体步骤是:选中图表,在"图表工具—布局—标签"组中,单击坐标轴标题按钮"▦"下面的箭头,在弹出的菜单中选择"主要横坐标轴标题|坐标轴下方标题",即可在图表下方居中位置设置横坐标轴标题。纵坐标轴标题设置方法类似,只需在弹出的菜单中选择"主要纵坐标轴标题|竖排标题"。

此外,还可以根据实际情况更改坐标轴标签的方向,如图 3.51 所示。图中横坐标刻度的标签排列方向不利于阅读,可重新设置标签方向。具体步骤是:选中横坐标下方标签,右键单击,在弹出的菜单中选择"设置坐标轴格式",调出"设置坐标轴格式"对话框,选择对话框左边的"对齐方式",并在右边的"文字方向"下拉菜单中选择"竖排",单击"确定"按钮后,坐标轴下标签方向更改为图 3.52 所示。

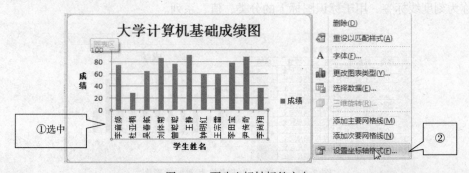

图 3.51　更改坐标轴标签方向

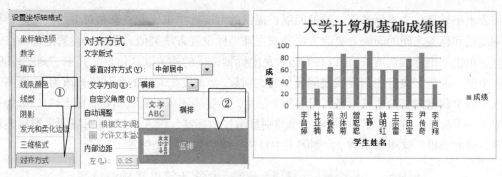

图 3.52　设置坐标轴标签方向为竖排列

4. 更改坐标刻度

默认情况下，创建图表时，Excel 会确定垂直轴的最大和最小刻度值以及刻度单位。但是也可以自定义刻度，以满足自身需要。比如，图 3.49 中，垂直轴代表成绩，其最小刻度应为 0，最大刻度应为 100。但是，如果修改单元格 E10 的值为 99，图表中垂直轴的最大刻度会自动变为 120，如图 3.53 所示。

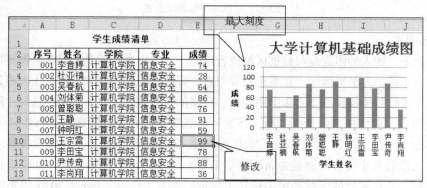

图 3.53　Excel 根据值的改动自动调整最大刻度

如果想修改坐标刻度，具体步骤如下：选中图中垂直轴对应的数值，右键单击该文本框，在弹出的菜单中选择"设置坐标轴格式"，调出"设置坐标轴格式"对话框，选择对话框左边的"坐标轴选项"后，可以修改在右边的"最小值"、"最大值"、"主要刻度单位"等设置。比如，图 3.54 中，"最小值"等设置均默认为"自动"，可以选择"固定"，并在后面的文本框中输入需要的值，单击"确定"按钮后，Excel 2010 立即按照设置重新绘制了图表。

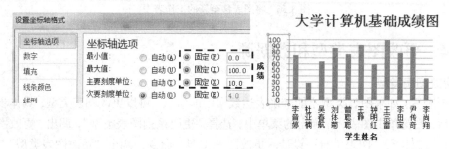

图 3.54　更改垂直轴刻度设置

注意，"设置坐标轴格式"对话框也可通过如下方式调出：选中坐标轴旁边的文本，在"图表工具—格式—当前所选内容"组中，单击设置所选格式内容按钮"🐭"。

图表水平轴显示文本标签而非数值间隔，提供的刻度选项也比垂直轴相对少些。但是，也可设定刻度线和标签之间的间隔。更改方法和垂直轴坐标设置方法类似：调出"设置坐标轴格式"对话框，单击"坐标轴选项"，可以在右边看见坐标轴选择的相关默认信息。其中"刻度线间隔"文本框中键入的数字决定在刻度线之间显示的类别数，将刻度线间隔的默认值修改为 2，则图 3.55 的图表中每个刻度内有两个柱形条，代表两个学生。标签间隔可以自行指定，键入"1"可为每个类别显示一个标签，键入"2"可每隔一个类别显示一个标签，键入"3"可每隔两个类别显示一个标签，依此类推。这里指定为 2，则图表中每两个学生显示 1 个标签。

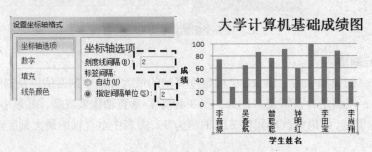

图 3.55　更改水平轴刻度设置

5. 移动图表

默认情况下，插入的图表是与数据区域放置在同一工作表中。但是，对于只需要通过图表分析数据的用户来说，为了更清晰、直观地查看图表，可以将图表移动到其他工作表或新的工作表中。移动工作表的具体步骤如下：选中图表后，右键单击图表，在弹出菜单中选择"移动图表"，调出"移动图表"对话框，若选择"新工作表"单选按钮，并在其后的文本框中输入新工作表的名字，单击"确定"按钮，则 Excel 2010 将创建"Chart1"工作表，并将图表移动至该工作表中，同时工作表大小将自动调整为布满整个工作表区域。如图 3.56 所示。如果选择"对象位于"单选按钮，并在其后的下拉菜单中选择了指定的先有工作表，Excel 2010 将把图表移至工作表 Sheet1 中。

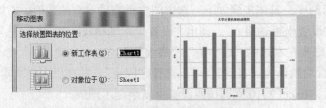

图 3.56　将图表移至新的工作表中

3.5.4　更改图表类型和数据源

1. 更改图表类型

创建图表后，如果图表类型不能准确表达数据中的信息，可以更改图表类型，具体步骤如下：选中图表后，右键单击图表，在弹出的菜单中，选择"更改系列图表类型"，调出"更改图表类型"对话框。也可以执行"图表工具—设计—更改图表类型"命令，调出"更改图表类型"对话框。在对话框左边的面板中列出了 11 种图表类别，单击需要的类别后，右边就会显示该类别中的可用图表类型。选择需要的类型后，单击"确定"按钮，图表立即更新为用户指定类型。图 3.57 将现有图形修改为饼形。

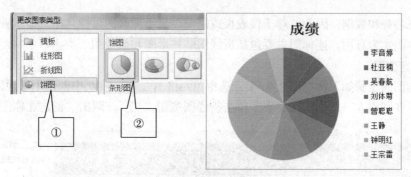

图 3.57　更改图表类型为饼形

2. 更改图表的数据源

创建图表后，或许需要重新选择创建图表的数据区域，此时可以对创建图表的数据源进行更改，具体步骤如下：选中图表后，执行"图表工具-设计-数据-选择数据"命令，调出"选择数据源"对话框，如图 3.58 所示。

图 3.58　更改数据源

单击对话框上方"图表数据区域"文本框右边的按钮"📊"来暂时折叠对话框，在工作表上选择所需的单元格区域，如图 3.59 所示，按住【Ctrl】键，同时选中需要图表化的单元格区域，比如，图中的 A2：A13、B2：B13、E2：E13，再单击按钮"📊"回到对话框，单击"确定"按钮，即可根据最新的数据源生成图表。

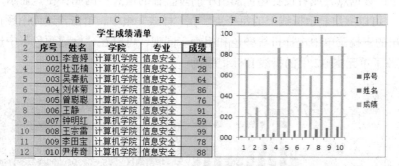

图 3.59　更改学生成绩清单图表的数据源

3.5.5　迷你图

迷你图是 Excel 2010 新增的功能，是单元格背景中的微型图表，可以在很小的空间内以可视化的方式汇总趋势和数据。因此，对于仪表板或需要以易于理解的可视化格式显示业务情况的其他位置，迷你图尤为有用。迷你图主要包括折线图、柱形图和盈亏图 3 类。

1. 创建迷你图

创建迷你图的步骤如下：在图 3.60 中，选中单元格 B7，拟在 B7 中创建中国地区 2010 年的销售趋势图。在"插入—迷你图"组中，单击折线图按钮"∿"，调出"创建迷你图"对话框。

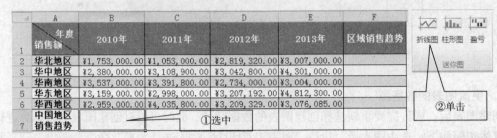

图 3.60　选中单元格 B7 创建折线图

在对话框的"数据范围"文本框中键入单元格区域 B2：B6，单击"确定"按钮，单元格 B7 中就出现了折线图，如图 3.61 所示。

图 3.61　根据 B2：B6 中的数据生成折线图

2. 编辑迷你图

当在工作表上选择一个或多个迷你图时，将会出现"迷你图工具"，并显示"设计"选项卡。在"设计"选项卡上，可以从下面的组中选择几个命令中的一个或多个："迷你图"、"类型"、"显示"、"样式"和"组"。使用这些命令可以创建新的迷你图、更改其类型、设置其格式、显示或隐藏折线迷你图上的数据点，或者设置迷你图组中的垂直轴的格式。例如：在"显示"组中，勾上"标记"复选框，可以突出显示折线上的每个点。在"样式"组中，单击"迷你图颜色"旁边的箭头，可以在弹出的下拉菜单中选择折线颜色和粗细。同理，可以在"标记颜色"中选择标记的颜色。图 3.62 更改了单元格 B2 中的折线和标记颜色。

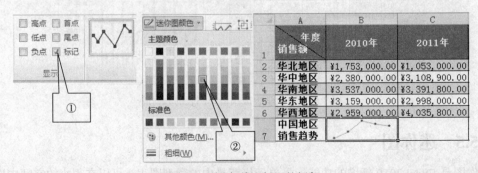

图 3.62　更改折线和标记的颜色

选中图 3.62 中的单元格 B7，在其相邻的单元格区域 C7：E7 上使用填充柄，为对应的数据列创建折线图。按照同样的方法，选中单元格 F2，执行“插入—迷你图—柱形图”，调出“创建迷你图”对话框。在“数据范围”文本框中键入单元格区域 A2：E2，单击“确定”按钮，可以创建华北地区的销售趋势柱形图。在 F2 相邻区域 F3：F6 上使用填充柄，则创建结果如图 3.63 所示。

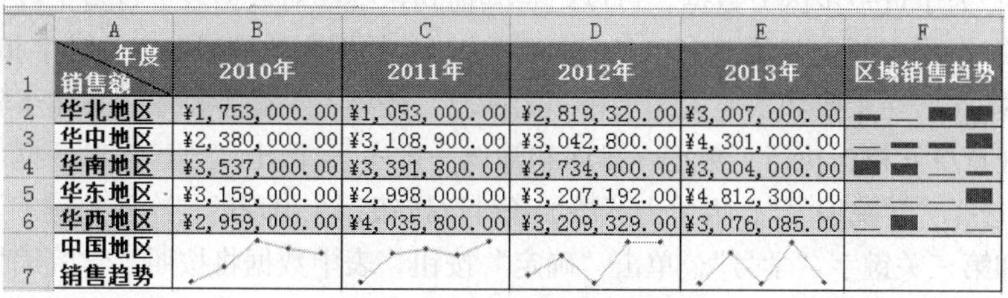

	A	B	C	D	E	F
1	年度 销售额	2010年	2011年	2012年	2013年	区域销售趋势
2	华北地区	¥1,753,000.00	¥1,053,000.00	¥2,819,320.00	¥3,007,000.00	
3	华中地区	¥2,380,000.00	¥3,108,900.00	¥3,042,800.00	¥4,301,000.00	
4	华南地区	¥3,537,000.00	¥3,391,800.00	¥2,734,000.00	¥3,004,000.00	
5	华东地区	¥3,159,000.00	¥2,998,000.00	¥3,207,192.00	¥4,812,300.00	
6	华西地区	¥2,959,000.00	¥4,035,800.00	¥3,209,329.00	¥3,076,085.00	
7	中国地区销售趋势					

图 3.63 使用填充柄创建迷你图

3. 清除迷你图

如果想清除迷你图，单击该迷你图所在单元格，在“迷你图工具—设计—分组”组中，单击清除按钮“ ”旁边的箭头，根据自身需要，若选择按钮“清除所选迷你图”，则清除该单元格中的迷你图，若选择“清除所选迷你图组”，则清除一组迷你图，如图 3.63 中的区域 B7：E7。

3.6 数据的管理

Excel 2010 除了强大的数据计算和统计功能外，还具有一定的数据管理功能，如排序、筛选、汇总等。利用这些功能，用户可以快速在复杂的数据中理清思路，对数据进行分析和统计。

3.6.1 数据排序

数据排序是指按照一定规则对数据进行整理和排序。Excel 提供了多种对数据进行排序的方法：升序、降序、用户自定义排序。

1. 数据快速排序

快速排序是根据数据表中的某一字段（列）对数据表进行升序或者降序排列，是使用最频繁的排序方式。快速排序的具体步骤如下：选择数据区域，在图 3.64 中，是 A2：E13，选中的单元格区域可以包含标题。选择要 E 列中的单个单元格，在“数据—排序和筛选”组中，单击降序按钮“ZA↓”，将成绩从大到小排序。

	A	B	C	D	E
1	学生成绩清单				
2	序号	姓名	学院	专业	成绩
3	008	王宗雷	计算机学院	信息安全	99
4	006	王静	计算机学院	信息安全	91
5	010	尹传奇	计算机学院	信息安全	88
6	004	刘体菊	计算机学院	信息安全	86
7	009	李田宝	计算机学院	信息安全	78
8	005	曾聪聪	计算机学院	信息安全	76
9	001	李音婷	计算机学院	信息安全	74
10	003	吴春航	计算机学院	信息安全	64
11	007	钟明红	计算机学院	信息安全	59
12	011	李尚翔	计算机学院	信息安全	36
13	002	杜亚楠	计算机学院	信息安全	28

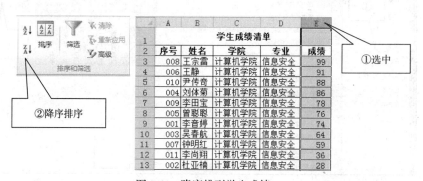

图 3.64 降序排列学生成绩

注意，如果对数值进行排序的结果不是用户所期望的，可能是因为该列中包含存储为文本（而不是数字）的数字。例如，从某些财务系统导入的负数或者使用前导撇号 '，则输入的数字存储为文本。

2. 多字段组合排序

在包含多列数据的表中，如果按照一列数据排序后，数据表中仍然包含重复数据或者未达到理想排序效果。为了进一步区分数据，可以组合其他列来继续对数据表进行多字段排序。多字段排序往往包含一个排序的主要关键字和多个次要关键字。数据表的排序在主关键字相同的情况下，按次要关键字排序，在主要和次要关键字相同的情况，按第三关键字排序。具体步骤如下：选中图 3.65 表中任意单元格，执行“数据—排序和筛选—排序”，调出“排序”对话框。在“主要关键字”下拉框选择“学院编号”，再单击“添加条件”按钮，在出现的“次要关键字”中选择“班级”，最后添加第三关键字“学号”，单击“确定”按钮，表中数据将按照“学院编号—班级—学号”的多字段顺序对学生信息进行排序。

	A	B	C	D	E	F	G
1	学院编号	班级	学号	姓名	性别	入学年份	成绩
2	01	101201	2012210005	金潇潇	女	2012	74
3	01	101202	2012210222	谢雨村	男	2012	28
4	01	101202	2012210593	段玉文	男	2013	64
5	01	101203	2012210624	康庆飞	男	2012	86
6	01	101204	2012210504	叶飞	男	2012	76
7	01	101205	2012210444	袁小力	男	2012	91
8	02	201104	2011210810	孙琮城	男	2011	59
9	02	231102	2010211189	覃林	男	2011	99
10	04	401101	2011211568	吴杰	男	2011	78
11	04	401102	2011211588	金建华	男	2011	88
12	04	401201	2012211451	郭欣欣	女	2012	36
13	04	401201	2012211547	李庆	男	2012	78

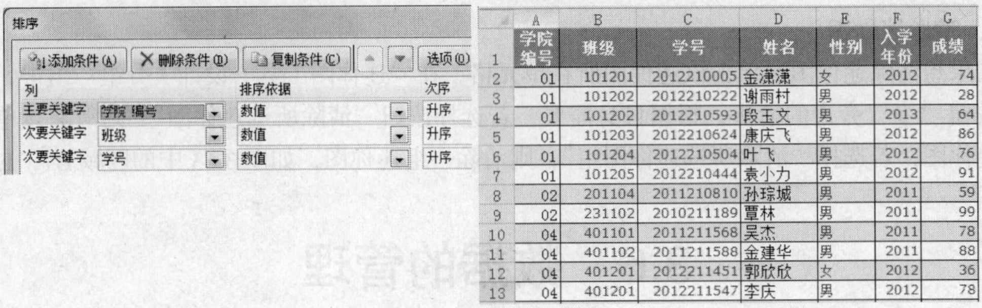

图 3.65 多字段排序

3. 用户自定义排序

Excel 2010 提供的排序次序为“升序”和“降序”，如果用户需要将数据按照除升序或降序以外的其他次序来排列，就需要自定义排序条件。例如，可以将图 3.65 涉及的多字段排序规则定义为自定义排序条件，具体步骤如下：执行“文件—选项”命令，调出“Excel 选项”对话框。在左侧列表中选择“高级”，在右侧界面中单击“编辑自定义列表”按钮，调出“自定义序列”对话框。在“自定义序列”单选框中单击“新序列”，在右边的“输入序列”文本框中输入“学院编号”、“班级”、“学号”，单击“确定”按钮，如图 3.66 所示。

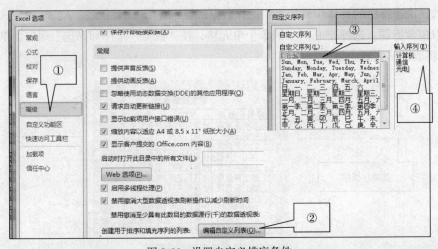

图 3.66 设置自定义排序条件

返回数据表后，选中表格内任意单元格，单击"排序和筛选"组中的排序按钮，调出的"排序"对话框，在"主要关键字"下拉框中，选择"列 A"，在"次序"下拉框中选择"自定义序列"，调出"自定义序列"对话框，在左边的下拉框中找到"计算机，通信，光电"序列，单击"确定"按钮，则数据表按照自定义排序条件重新进行了排序，如图 3.67 所示。

图 3.67　自定义排序的结果

3.6.2　数据筛选

筛选数据可以是用户快速寻找和使用数据表中特定的数据子集。Excel 2010 提供了自动筛选和高级筛选两种筛选功能，来显示符合条件的某一值或者某几行，并将其他行隐藏起来。一般情况下，自动筛选能满足大部分需要，当需要利用复杂的条件来筛选数据时，就必须使用高级筛选。

1. 手动筛选数据

手动筛选数据一般通过在预先选定的字段上设置筛选器，手动进行筛选，适用于简单的筛选条件。手动筛选数据的具体步骤如下：选中需要进行筛选的字段，在图 3.68 中，是单元格区域 A1：F1，执行"数据-排序和筛选-筛选"命令。此时，选中的每个字段所在单元格右侧，都出现了一个下三角按钮"▾"的筛选器，表示已启动但未应用筛选。单击该按钮，在弹出的下拉列表中只勾选"通信"复选框，单击"确定"按钮，则表格中只显示了所在学院为"通信"的学生记录，并且"学院"旁边的筛选按钮变为"▾"，表示已应用筛选。

图 3.68　手动筛选出通信学院学生信息

如果用户想筛选通信学院的男同学，只需在上述结果的基础上，在性别列设置筛选条件为"男"即可。也就是说，筛选器是累加的，可以按多个列进行筛选，每个追加的筛选器都基于当前筛选器，从而进一步减少了所显示数据的子集。

如果用户想清除刚筛选出的结果，例如，想清除"学院"为通信的筛选结果，重新显示出完整的学生记录，可再次单击"学院"右侧的筛选器，在展开的下拉列表中选择"从'学院'中清除筛选"即可。

2. 通过搜索查找筛选选项

用户还可以通过 Excel 提供的搜索功能更加精确地指定筛选选项，用户只需要输入想要被筛选出的值，Excel 会自动过滤出符合筛选条件的记录。具体步骤如下：在图 3.69 中，单击"姓名"列右边的筛选器，在下拉列表中的"搜索"文本框中输入"吴"，单击"确定"按钮后，数据表中自动筛选出姓吴的学生记录。

图 3.69 通过搜索筛选出姓吴的学生记录

3. 设置数字筛选条件

对于数值的筛选往往需要设置一些基于数量、数值比较的条件，具体设置过程如下：选中包含数值数据的单元格，单击该列右边的筛选器，从下拉列表中选择"数字筛选"。在"数字筛选"的级联菜单中，预设了多种数值比较条件，如果不能满足用户需要，还可以点击菜单最下方的"自定义筛选"。

比如，要筛选出不及格的学生成绩清单，则在图 3.70 中，单击成绩列右边的筛选器，在"数字筛选"的级联菜单中，选择"小于"项，调出"自定义自动筛选方式"对话框。在"成绩-小于"后面的文本框中输入 60，单击"确定"按钮，即可完成自定义筛选。

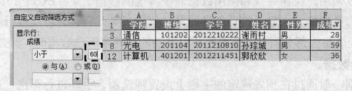

图 3.70 自定义筛选条件

若要在更改数据后重新应用筛选，请单击区域或表中的某个单元格，执行"数据—排序和筛选—重新应用"命令即可。

4. 高级筛选

如果要筛选的数据需要复杂条件（例如，类型 = "农产品" OR 销售人员 = "李小明"），则可以使用"高级筛选"对话框。高级筛选功能一般涉及两个区域：列表区域和条件区域。其中列表区域是高级筛选应用的具体数据区域，而条件区域是筛选依据的高级条件所在区域，如图 3.71 所示，其中 A1：F12 是列表区域，H1：I3 是条件区域。该条件区域表示筛选出通信学院成绩大于 90 分或计算机学院成绩低于 60 分的学生记录。

图 3.71 高级筛选的列表区域和条件区域

在设置好条件区域的内容后，进行高级筛选的具体步骤如下：执行"数据—排序和筛选—高级"命令，调出"高级筛选"对话框。单击"列表区域"后面的按钮"![]"暂时折叠对话框，在工作表中选择单元格区域 A1：F12，单击"![]"回到对话框，按照同样的方法在"条件区域"中选择单元格区域 H1：I3，如果想在原数据表中进行筛选，则在"方式"单选框中选择"在原有区域显示筛选结果"，如果想在其他位置进行筛选，请选择"将筛选结果复制到其他位置"，并在"复制到"文本框中选择指定的位置，如果勾上"选择不重复记录"，则筛选结果集中同样的记录只显示一条。单击"确定"按钮，即可生成筛选结果，如图 3.72 所示。

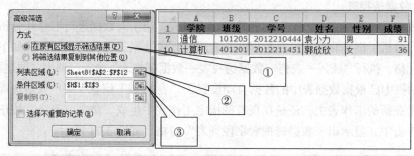

图 3.72　高级筛选设置

3.6.3　数据汇总

Excel 2010 提供数据分类汇总功能，将工作表中数据按照指定字段进行汇总，汇总的结果可以是求和、求平均值等。

数据分组汇总的具体步骤是：在图 3.73 中，选中进行分类汇总的 A 列中任意单元格，进行排序，确保在分类汇总前，工作表中的数据是基于关键字段有序排列的。单击需要进行分类汇总的表格中任意单元格，执行"数据—分级显示—分类汇总"命令，调出"分类汇总"对话框。在"分类字段"下拉列表中选择"制造商"作为分类汇总的关键字段，"汇总方式"下拉列表中选择"求和"，在"选定汇总项"复选框中勾上"数量"和"金额"。单击"确定"按钮，Excel 2010 基于"制造商"将工作表分为 4 组进行汇总：Lenovo 组、HP 组、IBM 组、SONY 组，得到每个分组的销售总数量和总金额。

序号	制造商	销售分公司	数量	金额
001	Lenovo	北京	8796	¥480,197.00
002	Lenovo	上海	4892	¥293,072.00
003	Lenovo	天津	3690	¥221,400.00
004	Lenovo	重庆	3521	¥211,260.00
005	Lenovo	杭州	4190	¥251,400.00
006	Lenovo	广州	5612	¥336,720.00
007	Lenovo	兰州	2100	¥126,000.00
008	Lenovo	成都	4009	¥240,540.00
009	Lenovo	沈阳	3879	¥232,740.00
	Lenovo 汇总		40689	¥2,393,329.00
010	HP	北京	2317	¥139,020.00
011	HP	上海	3906	¥234,360.00
012	HP	天津	2459	¥147,540.00
013	HP	重庆	1098	¥65,880.00
014	HP	杭州	890	¥53,400.00
015	HP	广州	2897	¥173,820.00
016	HP	兰州	763	¥45,780.00
017	HP	成都	1089	¥65,340.00
018	HP	沈阳	975	¥58,500.00
	HP 汇总		16394	¥983,640.00

图 3.73　设置分类汇总相关信息

创建分类汇总后，工作表左侧会显示对应的折叠按钮"+"和展开按钮"−"。单击展开按钮，可以展开分组中对应的明细数据，便于浏览。单击折叠按钮，可将明细数据折叠起来，只显示汇总数据。如果想删除分类汇总，首先选中表格中的任意单元格，在"数据—分级显示"组中，单击分类汇总按钮，在弹出的对话框中，单击"全部删除"按钮即可。

3.6.4 数据透视

1. 创建数据透视表

数据透视表是一种交互的、交叉制表的 Excel 报表，用于对数据进行汇总和分析。数据透视表对于汇总、分析、浏览和呈现汇总数据非常有用。创建数据透视表的具体步骤如下：选中数据表中任意单元格，执行"插入—表格—数据透视表—数据透视表"命令，调出"创建数据透视表"对话框。对话框中已根据数据表中的数据自动设置了"表/区域"信息，用户只需选择数据透视表生成的位置是在新的工作表中，还是在现有的指定工作表中生成。单击"确定"按钮后，在新建或指定的工作表中，显示出"数据透视表字段列表"窗格，如图 3.74 所示。

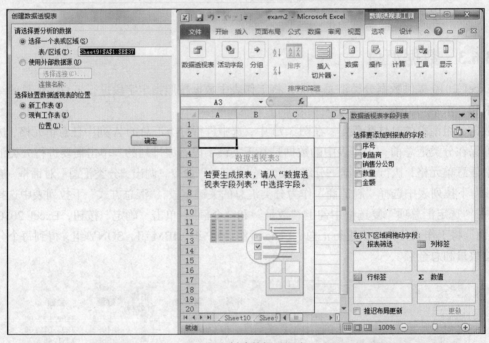

图 3.74　创建数据透视表

图 3.74 中，在"选择要添加到报表的字段"复选框中，勾上"制造商"、"销售分公司"、"数量"、"金额"后，Excel 自动将这些字段放到左边数据透视表的默认区域。为了方便查看各种汇总数据，可以将"制造商"和"销售分公司"字段拖动到"报表筛选"列表，数据表中将自动添加这两个筛选字段。

默认情况下，非数值字段会添加到"行标签"区域，数值字段会添加到"值"区域。若要将字段放置到布局部分的特定区域中，请在字段部分中右键单击相应的字段名称，然后选择"添加到报表筛选"、"添加到列标签"、"添加到行标签"或"添加到值"。

数据透视表创建完毕后，可以在工作表中查看不同的汇总结果。具体步骤如下：在图 3.75 中，单击数据透视表中"制造商"字段后面的下拉按钮，在弹出的菜单中选择"HP"。如果想选择多个供筛选的值，应勾上下方的"选择多项"，再在上面的树形结构中，勾上自己需要的筛选值，单击"确定"按钮，即可完成筛选。

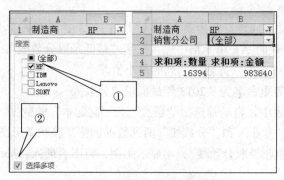

图 3.75　设置数据透视表的筛选条件

若要删除数据透视表，在要删除的数据透视表的任意位置单击。这将显示"数据透视表工具"，上面添加了"选项"和"设计"选项卡。在"选项"选项卡上的"操作"组中，单击"选择"下方的箭头，然后单击"整个数据透视表"，按【Delete】键。

2. 创建数据透视图

数据透视图提供数据透视表中的数据的图形表示形式。与数据透视表一样，数据透视图报告也是交互式的。相关联的数据透视表中的任何字段布局更改和数据更改将立即在数据透视图报表中反映出来。

创建数据透视图的具体步骤如下：单击数据透视表，将显示"数据透视表工具"，其上增加了"选项"和"设计"选项卡。在"选项—工具"组中，单击"数据透视图"。在"插入图表"对话框中，单击所需的图表类型和图表子类型。可以使用除 XY 散点图、气泡图或股价图以外的任意图表类型。单击"确定"按钮，显示的数据透视图中具有数据透视图筛选器，可用来更改图表中显示的数据。图 3.76 是依据图 3.75 生成的数据透视图。

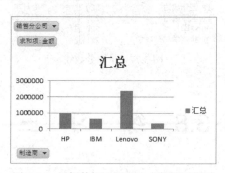

图 3.76　根据数据透视表生成数据透视图

3.7　实验三

Excel 操作题（本题共 10 小题）

建立如图 3.77 所示的文件，命名为"GJExcel41.xls"完成下列操作。

（1）在 Sheet1 工作表的 A 列之前插入一列，并按样张输入内容。

（2）将表格 D 列与 E 列的位置互换。

（3）将表格的 A1：F1 单元格区域合并居中，设置标题文字"录取分数线"的格式为楷体_GB2312、20 号、加粗。

（4）将表格的表头文字属性设置为隶书、14 号、白色，并添加灰度-50%的底纹。

（5）在 Sheet2 工作表的 A1 单元格中输入文字"最低录取分数线"，并在 B1 单元格中利用 MIN 函数计算 Sheet1 工作表中"分数线"列的最小值。

（6）将 Sheet2 工作表重命名为"2013 年最低录取分数线"。

（7）在 Sheet1 工作表中，自动筛选出"层次"为"高起本"的数据。

（8）选择筛选后的"专业"和"分数线"两列数据创建"簇状条形图"，系列产生在"列"，图表标题为"高起本各专业录取分数线"，不显示图例，将图表插入 Sheet1 工作表的 A25：G40 单元格区域内。

（9）为 Sheet1 工作表添加居中页眉文字"2014"。

（10）保存工作簿。

	A	B	C	D	E	F
1		录取分数线				
2	序号	专业	分数线	学习形式	层次	专业代码
3	1	法学	341	脱产	高起本	27010
4	2	国际经济与贸易	339	脱产	高起本	27011
5	3	金融学	340	脱产	高起本	27012
6	4	英语	346	脱产	高起本	27013
7	5	计算机科学与技术	280	脱产	高起本	27014
8	6	新闻学	254	业余	专升本	27015
9	7	英语	264	脱产	专升本	27016
10	8	广告学	231	业余	专升本	27017
11	9	计算机科学与技术	230	业余	专升本	27018
12	10	计算机科学与技术	207	脱产	专升本	27019
13	11	财务管理	229	业余	专升本	27020
14	12	信息管理与信息系统	231	业余	专升本	27021
15	13	行政管理	233	业余	专升本	27022
16	14	财务管理	284	脱产	专升本	27023
17	15	国际经济与贸易	242	脱产	专升本	27024
18	16	金融学	250	脱产	专升本	27025
19	17	政治学与行政学	225	业余	专升本	27026
20	18	国际政治	220	业余	专升本	27027
21	19	国际政治	220	脱产	专升本	27028
22	20	法学	226	脱产	专升本	27029
23	21	政治学与行政学	221	业余	专升本	27030

图 3.77　录取分数线

3.8　练习三

一、选择题

1. 在 Excel 2010 中新建工作簿时，可执行的操作有（　　）。

　　A. 按【Ctrl+N】组合键

　　B. 执行"文件—新建"命令

　　C. 在自定义快速访问工具栏中单击"新建"按钮

2. 在 Excel 2010 中编辑单元格内容的方法有（　　）。

　　A. 通过编辑栏进行编辑

　　B. 在单元格中直接进行编辑

C.　一旦输入就无法编辑

3.　在 Excel 2010 中插入空单元格的操作是（　　　）。

A.　选定要插入单元格的位置

B.　执行"插入—单元格"命令；或者用鼠标右键单击选定的单元格，从弹出的快捷菜单中选择"插入"命令

C.　从弹出的"插入"对话框中选择插入方式，并单击"确定"按钮

4.　在 Excel 2010 中可以自动完成的操作有（　　　）。

A.　排序　　　　　　　　　　　　B.　填充

C.　求和

5.　下列选项在 Excel 2010 中可被当作公式的有（　　　）。

A.　=10*2/3+4　　　　　　　　　B.　=SUN（A1：A3）

C.　=B5&C6

6.　在 Excel 2010 中正确引用其他工作簿中单元格的公式是（　　　）。

A.　=SUM（A1：A3）

B.　=SUM（Sheet3! B6：B8）

C.　=SUM（'C：\MY DOCUMENTS\[工作簿 1.xls]Sheet1'！$B$3：$B$4）

7.　在 Excel 2010 中，公式"=SUM（13，22,1）"应得到的结果是（　　　）。

A.　0　　　　　　　　　　　　　　B.　1

C.　36

8.　Excel 文件默认的扩展名是（　　　）。

A.　xls　　　　　　　　　　　　　B.　xlsx

C.　docx　　　　　　　　　　　　D.　pptx

9.　在 Excel 2010 中，假设在 D4 单元格内输入公式"C3+$A$5"，再把公式复制到 E7 单元格中，则在 E7 单元格内，公式实际上是（　　　）。

A.　C3+$A$5　　　　　　　　　　B.　D6+$A$5

C.　C3+$B$8　　　　　　　　　　D.　D6+B8

10.　下列选项可作为退出 Excel 2010 的快捷键是（　　　）。

A.　Alt+F4　　　　　　　　　　　B.　Win+D

C.　Ctrl+O

二、简答题

1.　简述 Excel 中文件、工作簿、工作簿和单元格之间的关系。

2.　Excel 输入的数据类型有哪 3 种？

3.　Excel 对单元格的引用有哪几种方式？

4.　单元格的清除与单元格的删除有什么不同？

5.　简述图表的建立方法。

6.　简述数据透视表的功能

7.　在工作表 Sheet2 的 B2：J10 区域输入九九乘法表。

第4章
PowerPoint 2010 基础

PowerPoint 2010 是 Office 2010 的核心组件之一，是演示文稿的图形程序，用来设计和制作演示文稿。PowerPoint 2010 制作的演示文稿可以包含文本、图形、照片、视频、动画等，并以幻灯片的形式一幅幅展示出来，广泛应用于会议主题报告、企业新产品发布、多媒体教学。

4.1 PowerPoint 基本概念

4.1.1 PowerPoint 工作界面

安装 Office 2010 后，单击 Windows 7 任务栏左边的"开始"图标，在弹出的菜单中单击"所有程序|Microsoft Office|Microsoft PowerPoint 2010"，启动 PowerPoint，其工作界面如图 4.1 所示。

图 4.1 PowerPoint 启动界面

PowerPoint 2010 启动后，在称为"普通视图"的窗口中打开，用户在该视图中直接创建并处理幻灯片。普通视图由以下几个部分构成。

（1）功能区：和 Office 其他组件一样，功能区由选项卡、组和命令构成，旨在帮助用户快速找到完成某任务所需的命令。

（2）幻灯片窗格：幻灯片编辑区，用于显示和编辑当前幻灯片的内容。

（3）缩略图窗格：列出了演示文稿中的所有幻灯片，用于组织和调整演示文稿中的内容。包含"幻灯片"和"大纲"两个选项卡。"大纲"选项卡用于显示各幻灯片的文本内容。"幻灯片"选项卡用于显示各幻灯片的缩略图。

（4）备注窗格：是在普通视图中键入幻灯片备注的窗格。在备注窗格中，可以键入关于当前幻灯片的备注。用户可以将备注分发给观众，也可以在播放演示文稿时查看"演示者"视图中的备注。

（5）占位符：一种带有虚线或阴影线边缘的框，绝大部分幻灯片版式中都有这种框。在这些框内可以放置标题及正文，或者是图表、表格和图片等对象。

这里，特别说明一下演示文稿和幻灯片的概念。演示文稿是 PowerPoint 制作出的一个文件，它由一张张既独立又相关联的幻灯片组成，是一系列幻灯片的集合。打个比方来说，演示文稿就像是书，而一张幻灯片则是书中的一页。

4.1.2　幻灯片的布局元素

在学习如何使用 PowerPoint 之前，首先应了解一下构成幻灯片的布局元素有哪些。幻灯片的布局方式也叫作幻灯片版式。

幻灯片版式包含要在幻灯片上显示的全部内容的格式设置、位置和占位符。占位符是版式中的容器，可容纳如文本（包括正文文本、项目符号列表和标题）、表格、图表、SmartArt 图形、影片、声音、图片及剪贴画等内容。而版式也包含幻灯片的主题（颜色、字体、效果和背景）。图 4.2 所示为幻灯片可以包含的版式元素。

PowerPoint 中包含 9 种内置幻灯片版式，用户可以在"开始"选项卡的"幻灯片"组中，单击版式按钮"▦"旁边的箭头，查看这些版式，如图 4.3 所示。其中，"标题和内容"版式是新建幻灯片时默认的版式。用户也可以创建满足特定需求的自定义版式，并与使用 PowerPoint 创建演示文稿的其他人共享。

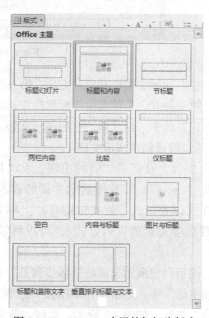

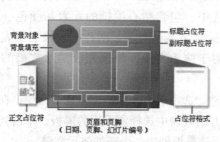

图 4.2　幻灯片可以包含的所有版式元素　　　　图 4.3　PowerPoint 内置的幻灯片版式

4.2 演示文稿基本操作

4.2.1 新建演示文稿

1. 创建空白演示文稿

制作演示文稿前，首先要在 PowerPoint 中创建一个用于编排内容的空白演示文稿。创建空白文稿的具体方法如下：在"文件"选项卡下，选择"新建"命令。在"可用的模板和主题"列表中，直接双击"空白演示文稿"选项，即可创建空白演示文稿。或者先选择"空白演示文稿"选项，再单击右侧的"创建"按钮，也可创建空白演示文稿，如图 4.4 所示。

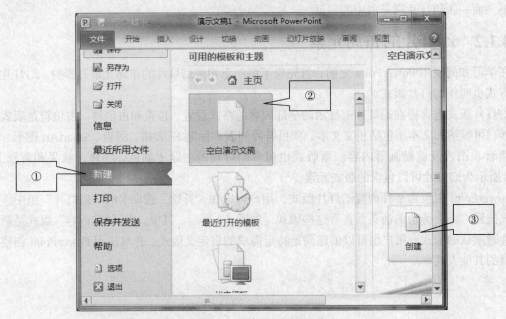

图 4.4 创建新的演示文稿

创建空白演示文稿还有两种方法。第一种方法是直接使用快捷键"Ctrl+N"，快速创建空白演示文稿。第二种方法是单击位于标题栏左边的"自定义快速访问栏"按钮，在弹出的下拉菜单中选择"新建"命令，创建新的空白演示文稿。

2. 通过模板创建演示文稿

模板指包含有演示文稿的主题、版式和其他元素的信息的一个或一组文件。模板文件的扩展名是".potx"。若要使演示文稿的普通幻灯片中，包含精心编排的元素和颜色、字体、效果、样式以及版式（版式指幻灯片上标题和副标题文本、列表、图片、表格、图表、自选图形和视频等元素的排列方式），可以将模板应用于演示文稿，快速完成演示文稿的创建和制作。

通过模板创建演示文稿的具体步骤是：在"文件"选项卡下，单击"新建"命令，在"可用的模板和主题"中，单击"样本模板"选项。在打开的列表中选择要采用的模板，单击列表右侧的"创建"按钮，如图 4.5 所示。此时，即可通过所选模板创建一个新的演示文稿。

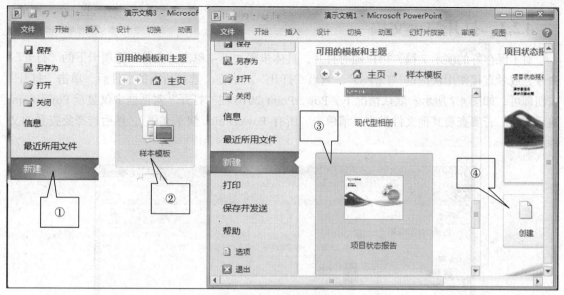

图 4.5　通过模板创建新的演示文稿

4.2.2　保存演示文稿

演示文稿制作完成后，应及时保存到电脑中，以便日后放映和修改。保存演示文稿的具体步骤如下：在"文件"选项卡下，选择"保存"命令，调出"另存为"对话框。在对话框左侧的位置列表框中选择保存路径后，在"文件名"框中，键入演示文稿的名称，单击"保存"按钮，如图 4.6 所示。默认情况下，PowerPoint 2010 将文件保存为 PowerPoint 演示文稿（.pptx）文件格式。若要以非 .pptx 格式保存演示文稿，请单击"保存类型"列表，然后选择所需的文件格式。

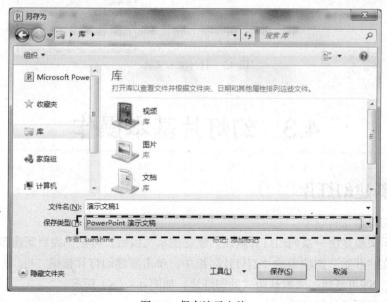

图 4.6　保存演示文稿

对于已经保存过的演示文稿，如果做了新的修改，并且想保留修改前和修改后的两个不同文稿，可以通过"文件—另存为"命令将修改后的演示文稿另行保存，不影响原来的演示文稿。

4.2.3　打开演示文稿

对于保存好的演示文稿，可以随时打开，具体步骤如下：单击"文件"选项卡下的"打开"命令，或者直接使用快捷键"Ctrl+O"，调出"打开"对话框。选择所需的文件后，单击"打开"按钮即可，如图 4.7 所示。默认情况下，PowerPoint 2010 在"打开"对话框中仅显示 PowerPoint 演示文稿。若要查看其他文件类型，请单击"所有 PowerPoint 演示文稿"，然后选择要查看的文件类型。

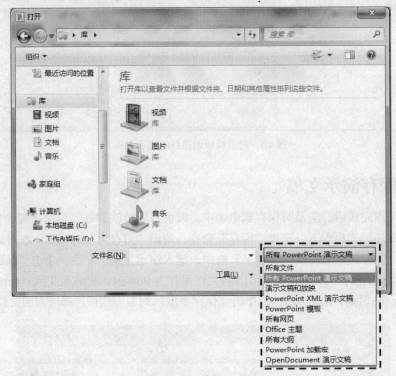

图 4.7　打开演示文稿

4.3　幻灯片基本操作

4.3.1　新建幻灯片

（1）新建幻灯片

完整的演示文稿是由一系列幻灯片组成。建立演示文稿后，可根据需要新建多张幻灯片，具体步骤如下：在"开始"选项卡的"幻灯片"组中，单击新建幻灯片按钮"　"，或直接使用快捷键"Ctrl+M"，即可新建一张默认版式的幻灯片，如图 4.8（a）所示。

（2）插入指定版式的幻灯片

单击"幻灯片"组中新建幻灯片按钮下方的箭头，在弹出的下拉列表中，选择一种幻灯片版式，即可插入一张应用所选版式的幻灯片，如图 4.8（b）所示。

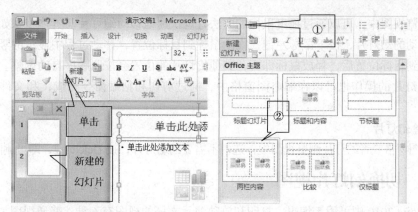

图 4.8 （a） 新建默认版式幻灯片　　　图 4.8 （b）　插入指定版式幻灯片

4.3.2　选择幻灯片

在演示文稿中建立多张幻灯片后，可能需要选择一张或多张幻灯片进行编辑、复制、移动等操作。选择幻灯片有以下几种方法。

1.　在幻灯片选项卡中选择

在缩略图窗格中的"幻灯片"选项卡下，单击某个幻灯片，即可将对应的幻灯片选中。如果要选中连续的幻灯片，先选中第一张幻灯片，按住 Shift 键不放，点击另一张幻灯片，则这两张幻灯片之间的所有幻灯片都被选中。如需选择不连续的多张幻灯片，只需按住 Ctrl 键不放，点击需要的幻灯片，即可选中。

2.　在幻灯片编辑区中选择

浏览单张幻灯片，还可以在编辑区滚动鼠标滑轮，编辑区中显示的幻灯片即为当前选中的幻灯片。

3.　在幻灯片浏览视图中选择

在 PowerPoint 窗口底部有一个易用的栏，其中提供了各个主要视图（普通视图、幻灯片浏览视图、阅读视图和幻灯片放映视图）。单击其中的幻灯片浏览视图"⊞"，切换到幻灯片浏览视图，该视图可使用户查看缩略图形式的幻灯片。通过此视图，用户在创建演示文稿以及准备打印演示文稿时，将可以轻松地对演示文稿的顺序进行排列和组织。在该视图下选择幻灯片的方法和操作系统中，选择文件的方法相同。

4.3.3　复制、移动、删除幻灯片

复制、移动和删除幻灯片是较为频繁的操作，建议切换到幻灯片浏览视图中进行。

1.　复制幻灯片

在制作幻灯片的过程中，如果设定了一张幻灯片的版式和文本格式后，如果后续的幻灯片采用同样的格式，就可以将当前幻灯片复制一份，然后直接修改其中内容即可。复制幻灯片的具体步骤如下：在幻灯片浏览视图中选中需要复制的幻灯片后，使用快捷键"Ctrl+C"，将光标移动到要粘贴的幻灯片之前，使用快捷键"Ctrl+V"，即可将复制的幻灯片粘贴到该位置处。此外，复制和粘贴也可以通过"开始"选项卡的"剪贴板"组中的复制和粘贴命令实现。

2.　移动幻灯片

移动幻灯片用于在演示文稿中调整指定幻灯片的位置，调整位置后，幻灯片顺序也相应改变。

在幻灯片浏览视图中，可以通过拖曳鼠标的方法直观快速地移动幻灯片。具体步骤如下：将鼠标指向需要移动的幻灯片，按下鼠标左键，拖动鼠标到目标位置，移动过程中显示的竖条表示目标位置。拖动到目标位置后，释放鼠标即可，其他幻灯片的位置会按照顺序自动调整。

移动幻灯片的操作也可以在缩略图窗格中，通过剪切和粘贴命令完成，和文件的移动方法相同。

3. 删除幻灯片

在缩略图窗格或者幻灯片浏览视图中，选中不需要的幻灯片，按 Delete 键，即可删除该幻灯片。

4.3.4　切换幻灯片视图

PowerPoint 2010 中可用于编辑、打印和放映演示文稿的视图有 6 种：普通视图、幻灯片浏览视图、备注页视图、幻灯片放映视图、阅读视图、母版视图（包括幻灯片母版、讲义母版和备注母版）。

可以从两个地方找到这些视图，单击其上的按钮，即可在不同视图之间进行切换，如图 4.9 所示。

图 4.9　PowerPoint 视图组

（1）视图"选项卡上的"演示文稿视图"组和"母版视图"组中。

（2）在 PowerPoint 窗口底部有一个易用的栏，其中提供了各个主要视图（普通视图、幻灯片浏览视图、阅读视图和幻灯片放映视图）。

这 6 种视图中，普通视图、幻灯片浏览视图已经介绍。幻灯片放映视图和母版视图将在后续小节的内容中介绍。这里介绍一下备注页视图和阅读视图。

在"视图—演示文稿视图"组中单击"备注页"命令，可以以整页格式查看和使用当前幻灯片在普通视图模式下的备注窗口中用户键入的备注，如图 4.10 所示。利用该视图，可以将备注打印出来并在放映演示文稿时进行参考。还可以将打印好的备注分发给听众。

阅读视图同样位于"演示文稿视图"组中，其主要作用是将演示文稿设置为适应窗口大小的幻灯片放映查看，以便用户根据放映效果进一步完善幻灯片的制作。

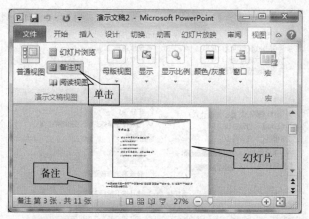

图 4.10　备注页视图

4.3.5　放映幻灯片

1. 放映前做的准备

为了使演示文稿内容按照事先计划的顺利放映，放映前，应对演示文稿进行统筹安排并设置放映选项，包括是否隐藏部分幻灯片、设置每张幻灯片的放映时间、采取哪种放映方式等。

隐藏幻灯片是将某些重要信息或不想让观众看到的信息隐藏起来，在放映时观众将看不到这些隐藏的幻灯片。隐藏幻灯片并不是将其从演示文稿中删除，用户仍然可以在普通视图下查看并编辑隐藏幻灯片的内容。隐藏幻灯片的具体步骤是：在缩略图窗格中，选中需要隐藏的幻灯片，在"幻灯片放映—设置"组中，单击隐藏幻灯片按钮"▣"后，从缩略图窗格中可以看到，该幻灯片左上角编号四周显示一个边框，边框上有一条斜对角线，表示该幻灯片被隐藏了，如图 4.11 所示。

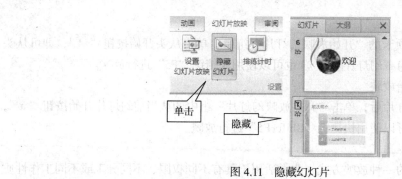

图 4.11　隐藏幻灯片

幻灯片的放映方式包括幻灯片放映类型、放映幻灯片范围、幻灯片放映选项、幻灯片的换片方式以及绘图笔颜色的默认颜色等内容。在"幻灯片放映"选项卡的"设置"组中，单击设置幻灯片放映按钮"▣"，调出"设置放映方式"对话框，如图 4.12 所示。

该对话框由以下 5 个功能区组成。

（1）放映类型：该功能区中的选项决定演示文稿的放映方式。"演讲者放映（全屏幕）"以全屏显示的方式放映演示文稿，默认的放映方式就是该方式。"观众自行浏览（窗口）"则会在一个包含了标题栏、状态栏和任务栏的窗口中放映演示文稿。"在展台浏览（全屏幕）"用于自动放映演示文稿，不需用户进行监管。

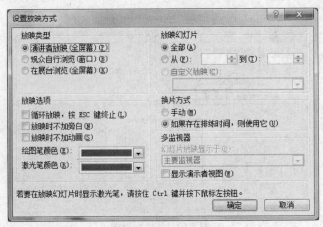

图 4.12　设置放映方式

（2）放映选项：用于控制放映时的一些特殊设置处理，包括设置是否循环放映、是否使用旁白以及是否播放动画效果等。

（3）放映幻灯片：用于让用户选择幻灯片放映的范围。其中，如果选中"自定义放映"单选按钮，则可以在下拉列表中选择已创建好的自定义放映。该单选按钮必须在演示文稿中创建了自定义放映才可用。

（4）换片方式：用于控制放映时幻灯片的切换方式。"手动"表示单击鼠标进行幻灯片的切换。

（5）多监视器：该选项仅在具有多显示器时有效，可以设置幻灯片在哪个显示器上放映。

2．放映幻灯片

幻灯片放映有 3 种方式：放映整个演示文稿、从当前幻灯片开始放映、自定义放映（控制部分幻灯片放映）。

（1）从头开始放映

在"幻灯片放映"选项卡的"开始放映幻灯片"组中，单击从头开始按钮"⚙"，即可从头到尾放映整个演示文稿（隐藏幻灯片除外）。也可以使用快捷键"F5"进行放映。

（2）从当前幻灯片开始放映

用户也可选中一张幻灯片后，单击"开始放映幻灯片"组中的从当前幻灯片开始按钮"⚙"，从当前位置开始放映。也可以使用快捷键"Shift+F5"进行放映。

（3）自定义放映

自定义放映是最灵活的一种放映方式，非常适用于具有不同权限、不同分工或不同工作性质的各类人群使用。自定义幻灯片仅显示选择的幻灯片，因此可以对同一演示文稿进行多种不同的放映。

自定义放映的具体步骤如下：在"幻灯片放映"选项卡的"开始放映幻灯片"组中，单击自定义幻灯片放映按钮"⚙"，在下拉菜单中单击"自定义放映"，调出"自定义放映"对话框，单击"新建"按钮，弹出"定义自定义放映"对话框。在"幻灯片放映名称"框中，键入自定义放映的名称，如图 4.13 中键入的自定义放映名称是"开场白"，按下"Ctrl"键，在"在演示文稿中的幻灯片"列表框中选定需要放映的幻灯片，单击"添加按钮"，则"在自定义放映中的幻灯片"列表框将自动显示这些幻灯片，用户可以在该列表框中选中某页幻灯片，然后单击旁边的箭头形状按钮调整放映顺序。单击"确定"按钮，就自定义了一个演示文稿放映顺序。

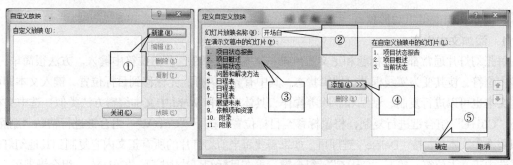

图 4.13　创建自定义放映"开场白"

上述过程完成后，会回到"自定义放映"对话框，此时，该对话框的"自定义放映"列表框中，自动显示了新建的"开场白"自定义放映。如需重新编辑该自定义放映，单击右边的"编辑"按钮，即可对其进行重新编辑。单击"关闭"按钮，回到 PowerPoint 工作界面，此时，再单击"自定义幻灯片放映"按钮，可以在其下弹出的菜单中看到新建的自定义放映"开场白"。单击之，即可进行自定义放映，如图 4.14 所示。

图 4.14　成功设置自定义放映"开场白"

如果想退出幻灯片放映，有三种方法：在幻灯片放映状态下，鼠标右键单击，在弹出的菜单中选择"结束放映"命令；在幻灯片放映状态下，将鼠标置于屏幕左下角，将显示按钮工具栏，单击的按钮"▤"，在弹出的菜单中选择"结束放映"命令；或者在放映时直接按"Esc"键，也可结束放映。

3. 切换和定位幻灯片

切换幻灯片指放映过程中从上一张幻灯片过渡到下一张幻灯片。定位则是指快速跳转到指定幻灯片。

（1）播放下一张幻灯片：只需在放映过程中鼠标左键单击，即可播放下一张幻灯片。或者鼠标右键单击当前幻灯片，在弹出的菜单中，单击"下一张"命令，切换到下一页。如需返回上一页幻灯片，只需在弹出菜单中选择"上一张"命令即可。

（2）跳转到指定页：播放过程中，鼠标右键单击当前幻灯片，在弹出菜单中选择"定位至幻灯片"，弹出的菜单会显示出所有被指定放映的幻灯片的标题，单击目标幻灯片，即可完成跳转。

4.4　制作演示文稿

4.4.1　为幻灯片添加内容

演示文稿中包含的内容其形式非常多样，可以将文本、图形、图像、表格等加入到演示文稿中，使演示文稿变得生动形象。

1. 添加文本内容

每张幻灯片通常都包含标题和正文占位符，文本一般都在这些占位符中输入。方法很简单：选中该占位符，使其变为实线框的可编辑状态，其中有光标闪烁，光标移到目标位置，键入文本即可。这些文本也可以进行复制、粘贴和删除等操作，具体方法和 Word 中文本编辑方法类似：选中文本，按下"Ctrl+C"组合键进行复制，将鼠标移至目标位置，按下"Ctrl+V"组合键进行粘贴。删除文本只需选中文本后，按"Delete"键即可。如果需要将当前幻灯片的所有正文内容复制到其他幻灯片，只需选中正文占位符，按下"Ctrl+C"组合键，再在目标幻灯片中按下"Ctrl+V"组合键即可。

如果要在幻灯片中插入除了标题和正文占位符外的文本框，可以在"插入"选项卡下的"文本"组中单击文本框按钮"Ａ"下面的箭头，在弹出的下拉列表中选择"横排文本框"，即可创建文字方向为横向的文本框。如果选择"竖排文本框"，则框内的文字方向为竖向。

2. 设置文本格式

幻灯片的文本格式包括字体、字号和字符颜色等。完成幻灯片文本编辑后，就需要对每张幻灯片的标题和正文文本设置相应的格式。设置文本格式的具体步骤如下：在图 4.15 中，选中幻灯片的标题占位符，在"开始—字体"组中，在"字体"下拉列表中选择"华文行楷"，在"字号"下拉列表框中选择字号为 80，字符颜色设置为黑色，在"段落"组中选择居中对齐，就完成了标题的文本格式设置。正文的文本格式设置方法相同。

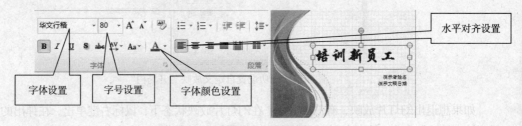

图 4.15　设置标题文本格式

3. 调整和修饰占位符

调整占位符主要包括调整占位符的位置和大小。修饰占位符主要包括设置占位符边框颜色、样式和设置占位符填充颜色。

通过调整占位符，就可以在幻灯片中任意调整文本的排列与位置。合理修饰占位符，则能起到美化幻灯片的作用。调整占位符的大小和位置的具体步骤如下：选中占位符，当鼠标移到占位符边框任意位置，并且指针形状变为十字箭头时，拖动鼠标，将占位符移到目标位置，释放鼠标即可完成占位符的移动。如图 4.16（a）所示。如果要调整占位符大小，首先应选中该占位符，将鼠标移至占位符边框四周的控点上，待鼠标变为双向箭头时，拖动鼠标，即可调整占位符大小，占位符中的文本会根据占位符大小自动换行，如图 4.16（b）所示。

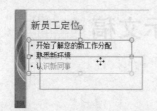

图 4.16 （a）调整占位符位置

图 4.16 （b）调整占位符大小

设置占位符的边框样式和填充颜色的具体步骤如下：选中占位符，"绘图工具"选项卡会自动出现，单击其下的"格式"标签页，在"形状样式"组中，单击形状填充按钮"🎨"旁边的箭头，在弹出的下拉列表中选择占位符的填充颜色。默认情况下，占位符的填充颜色是"无填充颜色"。若要设置占位符边框颜色，在同一组中单击形状轮廓按钮"🖊"旁边的箭头，在弹出的下拉列表中选择需要的颜色即可。默认情况下，占位符边框颜色是"无轮廓"。

4．插入与设置自选图形

加入图片是丰富演示文稿的最好方法之一。为幻灯片插入与设置图片，即使在幻灯片中插入图片，调整图片的大小与位置，以及调整图片的显示模式和外观样式。

插入自选图形的具体步骤如下：选中带插入图片的幻灯片，在"插入—图像"组中，单击图片按钮"🖼"，调出"插入图片"对话框。根据路径选定待插入的图片后，单击"打开"按钮，即可将图片插入。

插入图片后，调整图片的位置和大小。其中，调整图片的位置和调整占位符位置相同，鼠标选中图片后，拖动到目标位置即可。调整图片大小的位置也相同。

5．添加幻灯片编号、日期和时间

为了更好地组织演示文稿，可以在演示文稿中添加幻灯片编号、备注页编号以及日期和时间，如图 4.17 所示。

添加幻灯片编号的具体步骤如下：在缩略图窗格中，单击"幻灯片"选项卡，再单击演示文稿中的第一个幻灯片缩略图。在"插入—文本"组中，单击幻灯片编号按钮"🔢"，调出"页眉和页脚"对话框，如图 4.18 所示。在"幻灯片包含内容"复选框组中，勾上"日期和时间"，表示在幻灯片中插入日期和时间，并选中下方的单选按钮"自动更新"，则每次打开演示文稿，PowerPoint 会根据系统时间自动更新幻灯片上的日期和时间。若要添加幻灯片编号，应选中"幻灯片编号"复选框。要所有幻灯片中应用这些设置，应单击"全部应用"按钮即可。若仅仅在当前幻灯片中应用，则单击"应用"按钮即可。

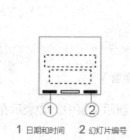

① 日期和时间　② 幻灯片编号
图 4.17　图示日期和时间等的设置形式

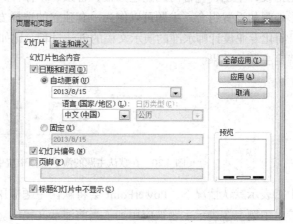

图 4.18　设置幻灯片编号、日期和时间

4.4.2　使用母版统一演示文稿风格

幻灯片母版是幻灯片层次结构中的顶层幻灯片，用于存储有关演示文稿的主题和幻灯片版式的信息，包括背景、颜色、字体、效果、占位符大小和位置。使用幻灯片母版的主要优点是演示文稿中的每张幻灯片（包括以后添加到演示文稿中的幻灯片）将根据母版进行统一的样式设置和

更改。由于无需在多张幻灯片上键入相同的信息，因此节省了时间，尤其是在包含大量幻灯片的演示文稿中，使用幻灯片母版会特别方便。

1．进入幻灯片母版

创建幻灯片母版，首先应进入幻灯片母版视图，具体步骤如下：在"视图—母版视图"组中，单击幻灯片母版按钮"▤"，进入幻灯片母版视图，如图 4.19 所示。在缩略图窗格中可以看到 12 张缩略图。其中第一张缩略图较大，代表当前默认的幻灯片母版，它自带 11 个版式，以较小的缩略图形式出现在下面。其中，用户最常用到的版式是标题幻灯片版式、标题和内容版式。用户在选定自己需要的版式后，即可在右边的窗格中进行样式编辑，用户所做的修改，都将体现在演示文稿中该版式对应的所有幻灯片中。

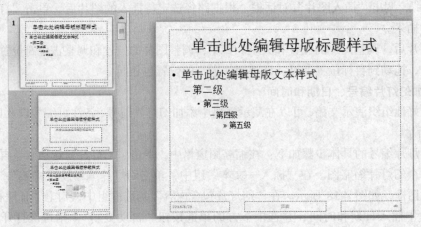

图 4.19　幻灯片母版视图

2．设置演示文稿主题

主题指设计主题，包含协调配色方案、背景、字体样式和占位符位置。是一组针对颜色、字体和图形外观的设置组合。主题可以作为一套独立的选择方案应用于演示文稿中，统一演示文稿的风格，简化专业设计师水准的演示文稿的创建过程。比如，图 4.20 所示为在普通的演示文稿上应用了特定主题的效果。

图 4.20　在默认主题的演示文稿中应用其他的主题

图中①表示默认情况下，PowerPoint 会将默认主题应用到当前演示文稿中。②表示在主题库中更改特定主题。③表示主题被应用到了当前演示文稿中。

应用主题的具体步骤是：在"幻灯片母版—编辑主题"组中，单击主题按钮"▨"下方的箭头，弹出的下拉列表中预设了 44 个主题。选择所需主题后，演示文稿中所有幻灯片将自动应用该主题样式。如图 4.21 中右边的幻灯片就是应用了主题的标题母版样式。

3．更改主题颜色

主题颜色是演示文稿中使用的颜色集合。修改主题颜色对演示文稿的更改效果最为显著。更改主题颜色的具体步骤如下：在"幻灯片母版—编辑主题"组中，单击颜色按钮"▨"旁边的箭头，弹出的下拉列表中有多种配色方案，选择所需颜色方案后，演示文稿中所有幻灯片的背景、字体等颜色都会重新设置，如图 4.22 所示。

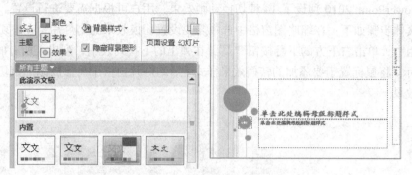

图 4.21 应用了主题的标题母版

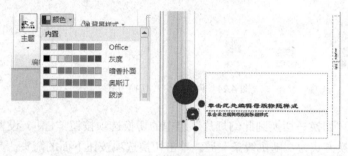

图 4.22 更改主题颜色方案

4. 更改主题字体

如果当前主题中的字体和颜色不符合用户需要，比如图 4.21 中标题占位符中的字号太小，字体和颜色也不太美观，可以进行更改。具体步骤是：选中需要更改字体的母版，在"幻灯片母版—编辑主题"组中，单击字体按钮"$\mathbf{\dot{x}}$"旁边的箭头，在弹出的下拉列表中，选择所需的字体后，即可更改演示文稿中所有采用该版式的幻灯片。如果还需对字体做进一步的编辑，可以右键单击文本所在的占位符，"字体"工具组将自动出现，如图 4.23 所示，用户可以根据需要，利用该工具组自行对母版样式进行更细致的更改。

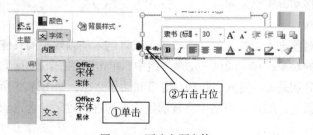

图 4.23 更改主题字体

4.4.3 设置动画

动画是指给文本或对象添加特殊视觉或声音效果。PowerPoint 中设置与使用动画，是通过对幻灯片的切换效果，对幻灯片中对象的进入、退出、强调和动作路径进行设置，是制作幻灯片的精髓所在。

1. 设置幻灯片的切换效果

幻灯片切换效果指两张连续幻灯片之间的过渡效果，包括幻灯片切换方式、切换方向、切换时的声音。PowerPoint 2010 预设了 14 种切换动画效果，用户可根据需要进行设置。设置幻灯片切换方式的具体步骤如下：在缩略图窗格中选中需要设置切换效果的幻灯片，在"切换—切换到此幻灯片"组中，单击右下方的下翻按钮"⬚"，在弹出的下拉列表中，列出了所有的切换方式，如图 4.24 所示。将鼠标置于要添加的转换效果样式上，幻灯片窗格中将播放添加该切换方式后幻灯片的播放效果。

图 4.24　设置幻灯片切换方式

用户还可根据"切换—切换到此幻灯片"组中的切换选项按钮"▥"，设置切换的方向。例如，在用户选择切换方式为"随机线条"后，单击切换选项按钮下面的箭头，其下拉菜单中设置了"垂直"和"水平"两种切换方向。用户可以根据自身喜好进行选择。

此外，也可以在幻灯片切换时添加声音效果，具体步骤如下："切换—计时"组中，单击"声音"下拉框，弹出的下拉列表中预设了 21 种音效，选择适合的切换音效后，该幻灯片切换时将自动应用该方案。

如果希望将切换效果应用到演示文稿的所有幻灯片上，在设置当前幻灯片的切换效果后，单击"切换—计时"组中的全部应用按钮"▦"。

2. 设置对象的动画效果

可以将演示文稿中的文本、图片、形状、表格和其他对象制作成动画，赋予它们进入、退出、大小或颜色变化甚至移动等视觉效果。

（1）设置进入动画效果

进入动画效果指对象进入幻灯片的动作效果。设置进入动画效果的具体步骤如下：在幻灯片上选中需要设置动画的对象，在"动画—动画"组中，单击下翻按钮，展开的下拉列表列出了 54 栏常用的动画效果，分别是无、进入、强调、退出和动作路径，如图 4.25 所示。将鼠标置于"进入"栏中任何一个按钮上，幻灯片窗格中将显示该动画的进入效果，选定动画效果只需单击该按钮即可。

如果需要查看更多的进入动画效果，请单击下拉列表下方的"更多进入效果"命令，调出"更改进入效果"对话框，如图 4.26 所示。选中需要的效果后，可以勾上下方的"预览"复选框，查看该动画的预览效果，单击"确定"按钮，即可完成进入动画的设置。

除了在"动画"组中使用预设动画为对象添加动画外，还可以在"高级动画"组中，单击"添加动画"按钮，在展开的下拉列表中单击需要的动画效果，或者单击"更多进入效果"，同样可以设置幻灯片中对象的进入动画。退出动画效果设置和上述类似，不再重复讲述。

图 4.25　动画效果下拉列表部分截图

（2）设置强调动画效果

强调动画效果是指对象从初始状态变化到另一状态，再回到初始状态的变化过程。起到突出强调的目的。比如，设置强调动画中的"变大/变小"效果，可以实现对象从小到大（或从大到小）的变化过程，从而产生强调效果。设置强调动画的具体步骤和设置进入效果类似：在幻灯片上选中需要设置动画的对象，在"动画—动画"组中，单击下翻按钮，在展开的下拉列表"强调"栏中，选择需要的动画效果，单击该命令即可。用户也可通过"更多强调效果"命令调出"更改强调效果"对话框，查看和使用更多的强调效果。

（3）设置动作路径效果

动作路径动画效果是通过引导线使对象沿着引导线运动。例如，选中对象后，设置对象为"动作路径"中的"直线一下"效果，则对象会在其动画被触发后沿着设定的方向向下移动，其移动路径与引导线重合，如图 4.27 所示。设置动作路径的具

图 4.26　更改进入效果对话框

体步骤如下：在"动画—动画"组中，单击下翻按钮，在展开的下拉列表"动作路径"栏中，单击需要的动作路径即可。如果需要改变动作路径的方向，单击"动画"组中的效果选项按钮"⬆"，在弹出的下拉列表中，单击"方向"组中需要的方向即可。设置完毕后，会有虚线从对象中延伸出来，该虚线即为引导线，其延伸路径即为动画的动作路径。

图 4.27　为五角星图形设置动作路径"直线一下"

PowerPoint 预设了 5 种动作路径，如果不能满足用户需要，用户可以单击"自定义路径"命令，绘制对象的动作路径，让对象沿着绘制的动作路径运行。

设置自定义动作路径的具体步骤如下：在图 4.28 中，选中需要定义动作路径的对象五角星，在"动作路径"栏中选择"自定义路径"，再单击效果选项按钮下方的箭头，在展开的列表中选择"自由曲线"，然后在幻灯片窗格中任意位置单击，开始绘制动作路径。鼠标每点一次，都会在前一个点和当前点之间绘制出对应曲线，双击鼠标左键，即可完成路径绘制。

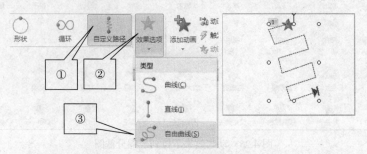

图 4.28　为图形设置自定义曲线动作路径

3. 查看幻灯片上当前动画列表

用户可以在"动画"任务窗格中查看当前幻灯片上所有动画的列表。"动画"任务窗格显示有关动画效果的重要信息，如效果的类型、多个动画效果之间的相对顺序、受影响对象的名称以及效果的持续时间。若要打开"动画"任务窗格，请在"动画—高级动画"组中，单击动画窗格按钮"🎞"，如图 4.29 所示。

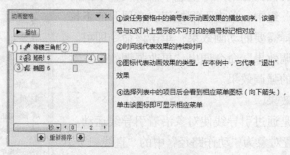

图 4.29　动画任务窗格

4. 更改动画播放顺序

用户若要对当前幻灯片中的动画重新排序，请在"动画"任务窗格中选择要重新排序的动画，然后单击窗格下方的向前移动按钮"⬆"，使动画在列表中另一动画之前发生，或者选择向后移动按钮"⬇"，使动画在列表中另一动画之后发生。

5. 测试动画效果

如果要测试当前幻灯片的动画效果，直接单击动画窗格上方的播放按钮"▶"，即可预览当前幻灯片的动画效果。

如果要测试演示文稿的动画效果，请在"动画—预览"组中，单击预览按钮"★"。

4.5 实 验 四

PowerPoint 操作题（本题共 7 小题）

制作幻灯片，完成下列操作。

（1）打开指定文件夹中的演示文稿 ks01.ppt。

（2）在最后一张幻灯片前插入一张新幻灯片，版式为"标题幻灯片"。

（3）在第一张幻灯片的副标题中输入文字"计算机应用基础教研室制作"，并设置该段文字的"段前"间距为 0.5 行。

（4）将第二张幻灯片的背景填充效果设置为预设颜色"孔雀开屏"。

（5）为第三张幻灯片设置自定义动画，文本部分的进入效果为"自左上部飞入"。

（6）设置所有幻灯片的切换方式为"棋盘"，自左侧展开。

（7）保存演示文稿。

4.6　练 习 四

一、选择题

1. 利用 PowerPoint 制作幻灯片时，幻灯片在（　　）窗格制作。

　　A. 状态栏　　　　　B. 幻灯片窗格　　C. 缩略图窗格　　　D. 备注窗格

2. 下面的选项中，不属于 PowerPoint 窗口部分的是（　　）。

　　A. 幻灯片窗格　　　　　　　　B. 大纲窗格

　　C. 备注窗格　　　　　　　　　D. 播放区

3. PowerPoint 中，（　　）视图模式可以实现在其他视图中可实现的一切编辑功能。

　　A. 普通视图　　　　　　　　　B. 大纲视图

　　C. 幻灯片视图　　　　　　　　D. 幻灯片浏览视图

4. 在 PowerPoint 中，（　　）视图主要显示主要的文本信息。

　　A. 普通视图　　　B. 大纲视图　　　C. 幻灯片视图　　　D. 幻灯片浏览视图

5. 在 PowerPoint 中，（　　）视图模式用于查看幻灯片的播放效果。

　　A. 大纲模式　　　　　　　　　B. 幻灯片模式

　　C. 幻灯片浏览模式　　　　　　D. 幻灯片放映模式

6. 在 PowerPoint 中，用"文本框"工具在幻灯片中添加文本时，如果要插入竖排文本框，下面叙述中正确的是（　　）。

　　A. 默认的格式就是竖排　　　　B. 不可能竖排

　　C. 选择文本框下拉菜单中的水平项　　D. 选择文本框下拉菜单中的垂直项

7. 在 PowerPoint 中，用文本框工具在幻灯片中添加图片操作，下列叙述正确的有（　　）。

　　A. 添加图片只能用文本框　　　B. 文本插入完成后自动保存

　　C. 文本框的大小不可改变　　　D. 文本框的大小可以改变

8. 在 PowerPoint 中，欲在幻灯片中添加文本框，在菜单栏中要选择（　　）菜单。

　　A. 视图　　　　　B. 插入　　　　　C. 格式　　　　　D. 工具

9. 在 PowerPoint 中，用文本框在幻灯片中添加文本时，在"插入"下拉菜单中应选择（　　）。

　　A. 视图　　　　　B. 文本框　　　　C. 影片和声音　　　D. 表格

10. 在 PowerPoint 中，选择幻灯片中的文本时，文本选择成功时，（　　）。

　　A. 所选的文本闪烁显示　　　　B. 所选幻灯片中的文本变成反白

　　C. 文本字体发生明显改变　　　D. 状态栏中出现成功字样

二、判断题

1. 如果用户对已定义的版式不满意，只能重新创建新演示文稿，无法重新选择自动版式。

                                                                     (   )

2. 要修改已创建超链接的文本颜色，可以通过修改配色方案来完成。   (   )

3. 在幻灯片浏览视图方式下是不能改变幻灯片内容的。   (   )

4. PowerPoint 允许在幻灯片上插入图片、声音、视频、图像等多媒体信息，但不能在幻灯片中插入 CD 音乐。   (   )

5. 应用配色方案时，只能应用于全部幻灯片，不能只应用于某一张幻灯片。 (   )

6. 演示文稿中的每张幻灯片都有一张备注页。   (   )

7. 设置循环放映时，需要按 Esc 键终止放映。   (   )

8. 在 PowerPoint 中，更改背景和配色方案时，单击"应用"按钮，则对当前幻灯片进行更改。

                                                                      (   )

9. 在 PowerPoint 中，文本占位符包括标题、副标题和普通文本。   (—   )

10. PowerPoint 中的自动版式提供的正文文本往往带有项目符号，项目符号不可以取消。

                                                                       (   )

第5章
Access 2010 数据库基础

"数据库"就是为了实现一定的目的按某种规则组织起来的数据的集合，在我们的生活中这样的数据库可是随处可见的。例如，为了保持与亲戚朋友们的联系，我们常常用一个笔记本将他们的姓名、地址、电话等信息都记录下来，这样要查谁的电话或地址就很方便了。这个"通讯录"就是一个最简单的"数据库"，每个人的姓名、地址、电话等信息就是这个数据库中的"数据"。我们可以在笔记本这个"数据库"中添加新朋友的个人信息，也可以由于某个朋友的电话变动而修改他的电话号码这个"数据"。归根结底，我们使用笔记本这个"数据库"还是为了能随时查到某位亲戚或朋友的地址、邮编或电话号码这些"数据"。如果把很多数据胡乱地堆放在一起，让人无法查找，这种数据集合也不能称为数据库。

数据库管理系统就是从图书馆的管理方法改进而来的。人们将越来越多的资料存入计算机中，并通过一些编制好的计算机程序对这些资料进行管理，这些程序后来就被称为"数据库管理系统"，它们可以帮我们管理输入计算机中的大量数据，就像图书馆的管理员。

我们将学习的 Access 2010 也是一种数据库管理系统。Access 是 Office 办公套件中一个极为重要的组成部分。在数据库建设时，首先需要对 Access 2010 进行初步了解，这是进行数据库建设的基本知识。在 Access 2010 中需要掌握的基本操作包括 Access 2010 的启动与退出、主界面的组成、文件的创建与保存等。本章主要讲解 Access 2010 的基本知识和基本操作，并配以实例进行上机实验，以巩固所学知识。

5.1　Access 2010 基础

5.1.1　设计一个数据库

在 Access 中，设计一个合理的数据库，最主要的是设计合理的表以及表间的关系。作为数据库基础数据源，它是创建一个能够有效地、准确地、快捷地完成数据库具有的所有功能的基础。

设计一个 Access 数据库，一般要经过如下步骤。

（1）需求分析

需求分析就是对所要解决的实际应用问题做详细的调查，了解所要解决问题的组织机构、业务规则，确定创建数据库的目的，确定数据库要完成哪些操作、数据库要建立哪些对象。

（2）建立数据库

创建一个空 Access 数据库，对数据库命名时，要使名字尽量体现数据库的内容，要做到"见名知义"。

（3）建立数据库中的表

数据库中的表是数据库的基础数据来源。确定需要建立的表，是设计数据库的关键，表设计的好坏直接影响数据库其他对象的设计及使用。

设计能够满足需要的表，要考虑以下内容。

① 每一个表只能包含一个主题信息。

② 表中不要包含重复信息。

③ 表拥有的字段个数和数据类型。

④ 字段要具有唯一性和基础性，不要包含推导或计算数据。

⑤ 所有的字段集合要包含描述表主题的全部信息。

⑥ 确定表的主键字段。

（4）确定表间的关联关系

在多个主题的表间建立表间的关联关系，使数据库中的数据得到充分利用，同时对于复杂的问题，可先化解为简单的问题后再组合，会使解决问题的过程变得容易。

（5）创建其他数据库对象

设计其查询、报表、窗体、宏、数据访问页和模块等数据库对象。

5.1.2　数据库中的对象

在一个 Access 2010 数据库文件中，有 7 个基本对象，它们处理所有数据的保存、检索、显示及更新。这 7 个基本对象类型是：表、查询、窗体、报表、页、宏及模块。

表（Table）是数据库中用来存储数据的对象，它是整个数据库系统的数据源，也是数据库其他对象的基础。Access 2010 的数据表提供一个矩阵，矩阵中的每一行称为一条记录，每一行唯一地定义了一个数据集合，矩阵中的若干列称为字段，字段存放不同的数据类型，具有一些相关的属性。

Access 中的查询包括选择查询、计算查询、参数查询、交叉表查询、操作查询和 SQL 查询。

报表和窗体都是通过界面设计进行数据定制输出的载体。

5.1.3　创建数据库

创建数据库，可以使用以下两种方法。

（1）创建空白数据库

在开始使用 Access 2010 界面时，选择"可用"模板中的"空数据库"，设置好要创建数据库存储的路径和文件名后，即创建了新的数据库。用户可根据自己的需要任意添加和设置数据库对象。设计完成后，保存设置，返回数据表打开视图，即可按设计好的字段添加记录。

（2）使用模板创建数据库

启动 Access 2010，在"新建"菜单项中可使用"可用模板"和"office.com 模板"两种模板来创建数据库。"可用模板"是利用本机上的模板来创建，"office.com 模板"是登录 Microsoft 网站下载模板创建新数据库。

选择"可用模板"中的"样本模板"打开本机 Office 样本模板，再选择所需要的类型，然后在右边的"文件名"文本框中输入自定义的数据库文件名，并单击后面文件夹按钮设置存储位置，然后单击"创建"，系统则按选中的模板自动创建新数据库，数据库文件扩展名为.accdb。

创建完成后，系统进入按模板新创建的数据库主界面。用户只需单击"新建"即可添加记录。

此时，一个包含表、窗体、报表等数据库对象的数据库创建结束。

5.1.4　数据库的打开与关闭

（1）数据库的打开

Access 2010 提供了 3 种方法来打开数据库，一是在数据库存放的路径下找到所需要打开的数据库文件，直接用鼠标双击即可打开；二是在 Access 2010 的"文件"选项卡中单击"打开"命令；三是在最近使用过的文档中快速打开。

（2）数据库的关闭

完成数据库操作后，便可把数据库关闭，可使用"文件"选项卡中的"关闭数据库"命令，或使用要关闭数据库窗口的"关闭"控制按钮关闭当前数据库。

[例 1]（1）创建"学籍管理"数据库。

"学籍管理"数据库表结构如表 5.1 所示。

表 5.1　　　　　　　　　　　　　　"学籍管理"数据库

学号	姓名	性别	出生日期	班级	政治面貌	本学期平均成绩
2012101	赵一民	男	90-9-1	计算机 12-4	团员	89
2012102	王林芳	女	89-1-12	计算机 12-4	团员	67
2012103	夏林	男	88-7-4	计算机 12-4	团员	78
2012104	刘俊	男	89-12-1	计算机 12-4	团员	88
2012105	郭新国	男	90-5-2	计算机 12-4	团员	76
2012106	张玉洁	女	89-11-3	计算机 12-4	团员	63
2012107	魏春花	女	89-9-15	计算机 12-4	团员	74
2012108	包定国	男	90-7-4	计算机 12-4	团员	50
2012109	花朵	女	90-10-2	计算机 12-4	团员	90

（2）删除第 5 个记录，再将其追加进去。

（3）查询数据库中"本学期平均成绩"高于 70 分的学生，并将其"学号"、"姓名"、"本学期平均成绩"打印出来。

（4）将"学籍管理"数据库按平均成绩从高到低重新排列并打印输出，报表显示"学号"、"姓名"、"性别"、"成绩"字段。

操作步骤

（1）创建"学籍管理"数据库。

创建空白数据库的方法如下。

① 启动 Access 2010，在"文件"中选择"新建"｜"可用模板"中"空数据库"，在右侧选择该库文件存放的位置，如"D：\"，确定库名"学籍管理.accdb"，再单击"创建"，如图 5.1 所示。打开"学籍管理"，新创建的空白数据库如图 5.2 所示。

图 5.1　新建"空白数据库"选项

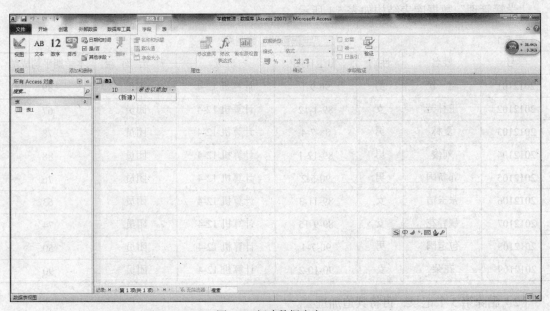

图 5.2　新建数据库窗口

② 右键单击"表1"，将表改名为"学生档案"，如图 5.3 所示。

③ 在出现的创建数据表结构对话框中创建表结构，选择表设

计按钮，定义以下字段：学号，数字型，长度为长整型；姓名，文本型，长度为10；性别，文本型，长度为4；出生日期，日期/时间型；班级，文本型，长度为10；政治面貌，文本型，长度为8；本期平均成绩，数字型，长度为小数，小数值为1。建好的数据表结构如图 5.4 所示。关闭该表。

图 5.3　表改名对话框

④ 添加记录。在"学籍管理"数据库窗口中双击"学生档案"数据表，开始录入学生记录，如图 5.5 所示。输完后单击"文件"|"保存"或保存工具保存此数据表，然后关闭数据表和数据库。

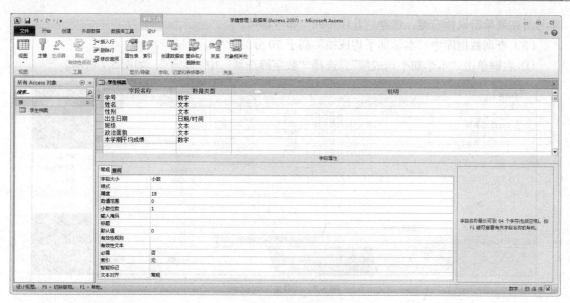

学籍管理 : 数据库 (Access 2007) - Microsoft Access
文件 开始 创建 外部数据 数据库工具 设计
所有 Access 对象
学生档案
字段名称 数据类型 说明
学号 数字
姓名 文本
性别 文本
出生日期 日期/时间
班级 文本
政治面貌 文本
本学期平均成绩 数字
字段属性
常规 查阅
字段大小 小数
格式
精度 18
数值范围 0
小数位数 1
输入掩码
标题
默认值 0
有效性规则
有效性文本
必需 否
索引 无
智能标记
文本对齐 常规
字段名称最长可到 64 个字符(包括空格)。按 F1 键可查看有关字段名称的帮助。
设计视图。 F6 = 切换窗格。 F1 = 帮助。

图 5.4　表结构

学生档案
学号 姓名 性别 出生日期 班级 政治面貌 本学期平均 单击以添加
2012101 赵一民 男 1990/9/1 计算机12-4 团员 89
2012102 王林芳 女 1989/1/12 计算机12-4 团员 67
2012103 夏林 男 1988/7/4 计算机12-4 团员 78
2012104 刘俊 男 1989/12/1 计算机12-4 团员 88
2012105 郭新国 男 1990/5/2 计算机12-4 团员 76
2012106 张玉洁 女 1989/11/3 计算机12-4 团员 63
2012107 魏春花 女 1989/9/15 计算机12-4 团员 74
2012108 包定国 男 1990/7/4 计算机12-4 团员 50
2012109 花朵 女 1990/10/2 计算机12-4 团员 90
记录: 第 9 项(共 9 项) 无筛选器 搜索

图 5.5　添加记录

（2）删除第 5 个记录，再将其追加进去。

① 重新打开学籍档案表，选择要删除的记录并在其上单击鼠标右键，在弹出的快捷菜单上选择“删除记录”命令，如图 5.6 所示。

学生档案
学号 姓名 性别 出生日期 班级 政治面貌 本学期平均 单击以添加
2012101 赵一民 男 1990/9/1 计算机12-4 团员 89
2012102 王林芳 女 1989/1/12 计算机12-4 团员 67
2012103 夏林 男 1988/7/4 计算机12-4 团员 78
2012104 刘俊 男 1989/12/1 计算机12-4 团员 88
新记录(W)
删除记录(R)
剪切(T)
复制(C)
粘贴(P)
行高(R)...
无筛选器 搜索

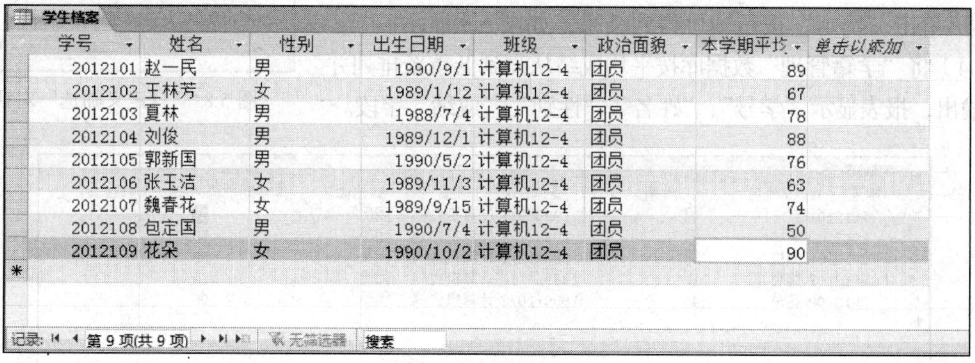

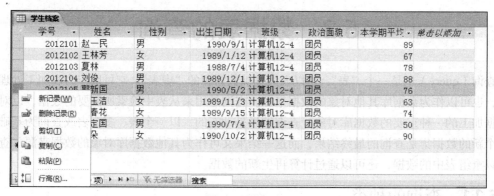

图 5.6　删除记录

② 也可以在表的末尾重新添加上刚才删除的记录，如果还要让其显示在原来的位置，可以在

学号所在列单击鼠标右键，选择"升序排列"命令即可。

（3）查询数据库中"本学期平均成绩"高于70分的学生。

① 右键单击"本学期平均成绩"，选择"数字筛选器"中"大于"，如图5.7所示。

图5.7 "筛选"对话框

② 在弹出的窗口中输入"70"，如图5.8所示。

③ 单击"确定"按钮即可得到结果，如图5.9所示。

（4）将"学籍管理"数据库按平均成绩从高到低重新排列并打印输出，报表显示"学号"、"姓名"、"性别"、"成绩"字段。

图5.8 "自定义筛选"对话框

图5.9 筛选结果

右键单击"本学期平均成绩"右边三角，选择"降序"即可。

5.2 数据表的查询

查询（query）也是一个"表"，是以表为基础数据源的"虚表"。它可以作为表加工处理后的结果，也可以作为数据库其他对象的数据来源。查询是用来从表中检索所需要的数据，以对表中的数据加工的一种重要的数据库对象。查询结果是动态的，以一个表、多个表或查询为基础，创建一个新的数据集是查询的最终结果，而这一结果又可作为其他数据库对象的数据来源。查询不仅可以重组表中的数据，还可以通过计算再生新的数据。

5.2.1 查询的种类

在Access中，主要有选择查询、参数查询、交叉表查询、动作查询及SQL查询。选择查询主要用于浏览、检索、统计数据库中的数据；参数查询是通过运行查询时的参数定义、创建的动态查询结果，以便更多、更方便地查找有用的信息；动作查询主要用于数据库中数据的更新、删除及生成新表，使得数据库中数据的维护更便利；SQL 查询是通过 SQL 语句创建的选择查询、参数查询、数据定义查询及动作查询。

5.2.2 怎样获得查询

（1）使用向导创建查询。

（2）使用设计器创建查询。

【例 2】（1）创建"学籍管理"数据库，其表结构如例 1 中的表 5.1 所示。

（2）创建"学籍管理"的查询。

① 使用向导创建查询的操作步骤如下。

a. 打开要创建查询的数据库文件，选择"创建"选项卡。

b. 通过"创建"选项卡 "查询"功能区的"查询向导"命令按钮，单击后弹出如图 5.10 所示的"新建查询"对话框。

c. 在打开的"新建查询"对话框中，选择一种类型，一般选择"简单查询向导"选项，单击"确定"按钮。以下是创建"简单查询向导"的步骤。

图 5.10 "新建查询"对话框

d. 在弹出如图 5.11 所示的"简单查询向导"对话框中，单击 >> 按钮将"可用字段"列表框中显示的表中的所有字段添加到"选定字段"列表框中，也可以选中某个可用字段，单击 > 按钮添加到"选定字段"列表框中。

e. 完成后，单击"下一步"按钮，弹出如图 5.12 所示的提示框。

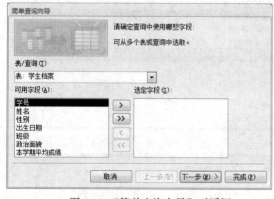

图 5.11 "简单查询向导"对话框

图 5.12 选择提示框

f. 选择默认状态下的"明细"选框，单击"下一步"按钮；若选择"汇总"选框，单击"汇总选项"，选择需要计算的汇总值，单击"确定"按钮，再单击"下一步"按钮。在"请为查询指定标题"文本框中输入标题，单击"完成"按钮就完成了创建。

② 使用设计器创建查询的操作步骤如下。

a. 打开要创建查询的数据库文件，选择"创建"选项卡，在"查询"栏中选择"查询设计"按钮，弹出"显示表"对话框。

b. 在对话框中选择要创建查询的表,分别单击"添加"按钮,添加到"查询1"选项卡的文档编辑区中,单击"关闭"按钮。

c. 在表中分别选中需要的字段,依次拖曳到下面设计器中的"字段"行中,添加完字段后,在"表"行中自动显示该字段所在的表名称,如图 5.13 所示。

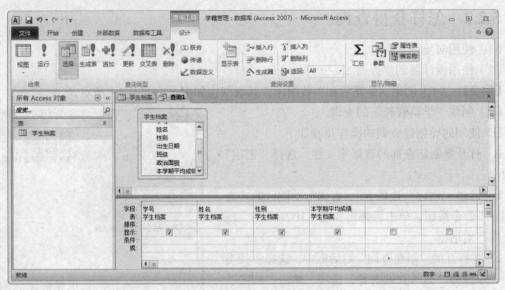

图 5.13　选择需要的字段到设计器中

d. 在弹出的查询页中输入查询条件显示的字段及查询条件,条件为"性别=女"和"成绩>70",如图 5.14 所示。

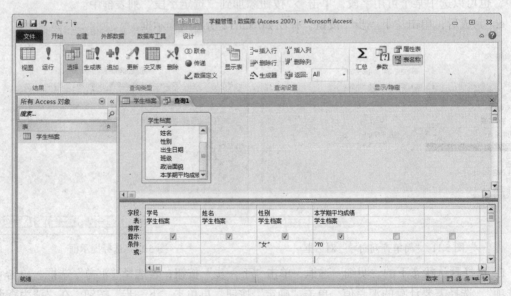

图 5.14　查询条件

e. 鼠标右键单击"查询1"选项卡,在弹出的下拉菜单中选择"保存"命令,弹出"另存为"对话框,在对话框中的"查询名称"文本框中输入名称,如"成绩查询",单击"确定"按钮,则建立了一个成绩查询表。

关闭查询对话框。在查询页上可以看到已经保存的"成绩查询",双击看到查询结果,如图 5.15 所示。

图 5.15　查询结果

5.3　窗体与报表的操作

5.3.1　窗体

窗体是 Access 数据库应用系统中最重要的一种数据库对象,它是用户对数据库中数据进行操作最理想的工作界面,为数据的输入、修改和查看提供了一种灵活简便的方法,可以使用窗体来控制对数据的访问,如显示哪些字段或数据行。也可以说,因为有了窗体这一数据库对象,用户在对数据库操作时,界面形式美观、内容丰富,特别是对备注型字段数据的输入、OLE 字段数据的浏览更方便、快捷,窗体背景与前景内容的设置会给用户提供一个非常有亲和力的数据库操作环境,使得数据库应用系统的操纵、控制尽在"窗体"中。

窗体作为 Access 数据库的重要组成部分,起着联系数据库与用户的桥梁作用。以窗体作为输入界面时,它可以接受用户的输入,判定其有效性、合理性,并具有一定的响应消息执行的功能。以窗体作为输出界面时,它可以输出一些记录集中的文字、图形图像,还可以播放声音、视频动画,实现数据库中的多媒体数据处理。

新建窗体通过"创建"选项卡中的"窗体"功能区来完成。创建窗体的方法有以下几种。

(1)快速创建窗体。

(2)通过窗体向导创建窗体。

(3)创建分割窗体。

(4)创建多记录窗体。

(5)创建空白窗体。

(6)在设计图中创建窗体。

对窗体的操作包括以下两种。

(1)控件操作。

(2)记录操作。

【例3】 1. 窗体的创建

(1)快速创建窗体

快速创建窗体的方法为:打开要创建窗体的数据库文件,选择"创建"选项卡,在"窗体"栏中选择"窗体"按钮即可。

(2)通过窗体向导创建窗体

在向导的提示下,根据用户选择的数据源表或查询、字段、窗体的布局、样式自动创建窗体。

通过窗体向导可以创建出更为专业的窗体，创建方法如下。

① 打开要创建窗体的数据库文件，选择"创建"选项卡，单击"窗体"栏中的"窗体向导"按钮。

② 在打开的"窗体向导"对话框中，在"可用字段"框中选择需要的字段，单击右箭头按钮；如果选择全部可用字段，单击双右箭头按钮。将选中的可用字段添加到"选定字段"列表框中，弹出如图 5.16 所示的对话框。

③ 单击"下一步"按钮，在对话框中选择合适的布局，如"纵栏表"布局，单击"下一步"按钮，弹出如图 5.17 所示的对话框。在对话框中选择合适的样式，单击"下一步"按钮，在弹出的对话框中输入标题，单击"完成"按钮即可。

 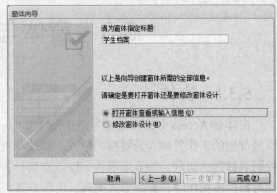

图 5.16 "窗体向导"对话框　　　　　　　图 5.17 "窗体向导"对话框

（3）创建分割窗体

分割窗体是 Access 2010 中的新增功能，特点是可以同时显示数据的两种视图，即窗体视图和数据表视图。创建分割窗体方法如下。

① 打开要创建窗体的数据库文件，选择"创建"选项卡，单击"窗体"栏中"其他窗体"中的"分割窗体"按钮。

② 系统自动创建出包含源数据所有字段的窗体，并以窗体和数据两种视图显示窗体，如图 5.18 所示。

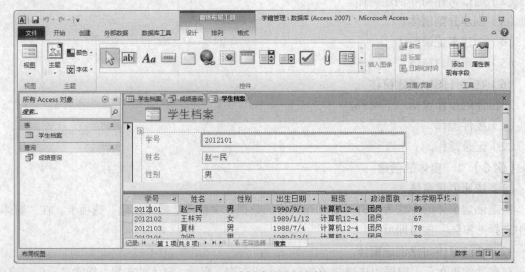

图 5.18 创建的分割窗体

（4）创建多记录窗体

普通窗体中一次只显示一条记录，但是如果需要一个可以显示多个记录的窗体，就可以使用多项目工具创建多记录窗体，方法如下。

① 打开要创建窗体的数据库文件，选择"创建"选项卡，单击"窗体"栏中"其他窗体"中的"多个项目"按钮。

② 系统将自动创建出同时显示多条记录的窗体，如图 5.19 所示。

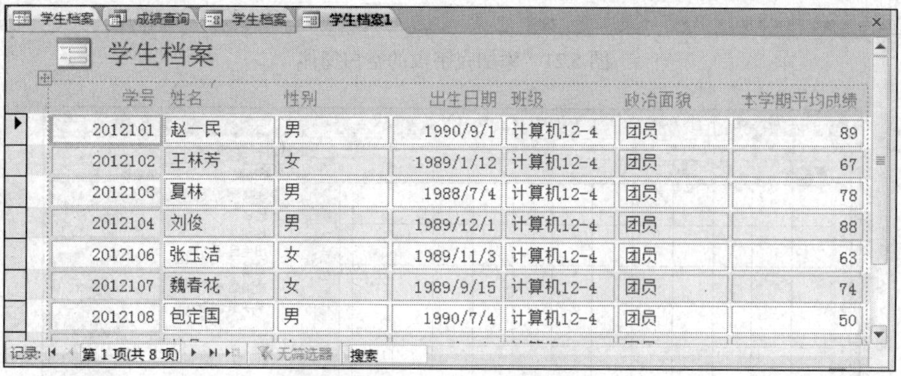

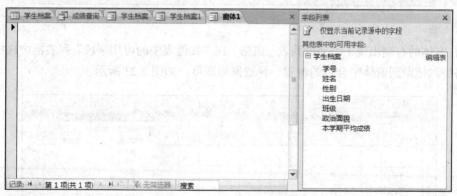

图 5.19　创建的多记录窗体

（5）创建空白窗体

创建空白窗体的方法如下。

① 打开要创建窗体的数据库文件，选择"创建"选项卡，单击"窗体"栏中的"空白窗体"按钮，创建出如图 5.20 所示的空白窗体。

图 5.20　创建的空白窗体

② 在窗口右侧显示的"字段列表"窗口中的"其他表中的可用字段"的列表中选择需要的字段。按住鼠标左键不放，将选择的字段拖动到空白窗体中将鼠标释放。添加完需要的字段后显示结果如图 5.21 所示。

（6）在设计图中创建窗体

在设计图中可以对窗体内容的布局等进行调整，而且可以添加窗体的页眉和页脚等部分，创建方法如下。

① 打开要创建窗体的数据库文件，选择"创建"选项卡，单击"窗体"栏中的"窗体设计"按钮，弹出如图 5.22 所示的带有网格线的空白窗体。

图 5.21　添加完字段的空白窗体

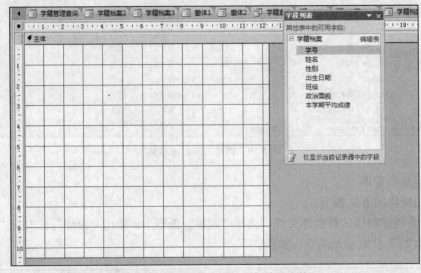

图 5.22　在"设计视图"中创建的窗体

② 在窗体的右侧出现了"字段列表"窗格，在"其他表中的可用字段"列表框中选择需要的字段。将字段拖动到窗体中合适的位置，释放鼠标即可，如图 5.23 所示。

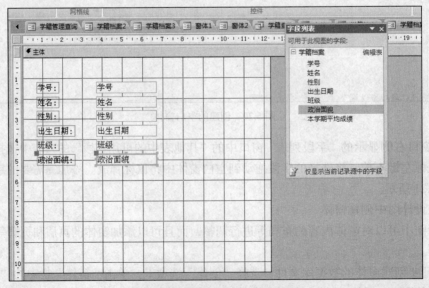

图 5.23　把需要字段拖动到窗体中

③ 当把需要的字段都放到窗体后，单击界面右下方视图栏中的"窗体视图"按钮，就可以查看窗体中的内容了。

（7）对窗体的操作

用户可以对窗体进行操作，主要是指对控件的操作和对记录的操作。在窗体中的文本框、图像及标签等对象被称为控件，用于显示数据和执行操作，可以通过控件来查看信息和调整窗体中信息的布局。利用窗体还可以查看数据源中的任何记录，也可以对数据源中的记录进行插入、修改等操作。

① 控件操作

控件操作主要包括调整控件的高度、宽度，添加控件和删除控件等。这些操作可以通过单击界面右下方视图栏中的"布局视图"按钮，在布局视图中进行，还可以单击"设计视图"按钮在设计视图中进行。

② 记录操作

记录操作主要包括浏览记录、插入记录、修改记录、复制及删除记录等，通过这些操作就可以对数据源中的信息进行查看和编辑，这些操作通过窗体下方的记录选择器来完成，如图 5.24 所示。

记录: ⊮ ◂ 第 2 项(共 10 项 ▸ ▸⊩ | ⫯ 无筛选器 | 搜索

图 5.24　记录选择器

a. 浏览记录：选择记录选择器中的 ◂ 或 ▸ 按钮，就可以查看所有记录；选择 ⊮ 或 ▸⊩ 按钮，就可以查看第一条记录或最后一条记录。

b. 插入记录：选择记录选择器中的 ▸⊩ 按钮，就会在表的末尾插入一个空白的新记录。

c. 修改记录：选择文本框控件中的数据，输入新的内容。

d. 复制记录：选择窗体左侧的 ▸ 按钮，选择需要复制的记录，单击鼠标右键，在弹出的快捷菜单中选择"复制"命令，切换到目标记录，还是在窗体左侧右键单击，在弹出的快捷菜单中选择"粘贴"命令，这样，源记录中每个控件的值都被复制到目标记录的对应控件中。

e. 删除记录：选择窗体左侧的 ▸ 按钮，选择要删除的整条记录，按"Delete"键或者单击"开始"选项卡中"记录"栏中的"删除"按钮。

5.3.2　报表

报表（report）是数据库中数据输出的另一种形式。它不仅可以将数据库中的数据分析、处理的结果通过打印机输出，还可以对要输出的数据完成分类小计、分组汇总等操作。在数据库管理系统中，使用报表会使数据处理的结果多样化。报表也是 Access 2010 中的重要组成部分，是以打印格式显示数据的可视性表格类型，可以通过它控制每个对象的显示方式和大小。

创建报表的方法如下。

（1）快速创建报表

选择要用于创建报表的数据库文件，选择"创建"选项卡，单击"报表"栏中的"报表"按钮，系统就会自动创建出报表。

（2）创建空报表

创建空报表方法很简单，具体如下。

① 打开要创建报表的数据库文件，选择"创建"选项卡，单击"报表"栏中的"空报表"按钮。

② 系统创建出没有任何内容的空报表，可以按照在空白窗体中添加字段的方法为其添加字段，如图 5.25 所示。

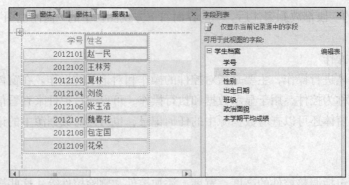

图 5.25　添加了两个字段的报表

（3）通过向导创建报表

通过向导创建报表的方法如下。

① 打开要创建报表的数据库文件，选择"创建"选项卡，单击"报表"栏中的"报表向导"按钮。

② 在弹出的"报表向导"对话框中，在"可用字段"中选择需要的字段添加到"选定字段"中，单击"下一步"按钮，打开如图 5.26 所示的对话框。

③ 在分组级别对话框中，左侧的列表框中选择字段，单击 > 按钮将其添加到右侧的列表框中，这样，选择的字段就出现在右侧列表框中的最上面，如图 5.27 所示。

图 5.26　"报表向导"对话框

图 5.27　"是否添加分组级别"对话框

④ 单击"下一步"按钮，打开"选择排序字段"对话框。

⑤ 在打开的对话框中选择合适的布局方式和方向，单击"下一步"按钮。

⑥ 在打开的"请确定报表的布局方式"对话框中选择合适的样式，单击"下一步"按钮。在打开的"请为报表指定标题"对话框中输入文本，单击"完成"按钮，完成报表的创建。

（4）在设计视图中创建报表

在设计视图中创建报表的方法如下。

① 打开要创建报表的数据库文件，选择"创建"选项卡，单击"报表"栏中的"报表设计"按钮，系统就会创建出带有网格线的窗体。

② 在窗体右侧出现"字段列表"窗格，从"字段列表"窗格中把需要的字段拖动到带有网格线的报表中。

③ 添加完后，单击视图栏中的"报表视图"按钮，切换到报表视图中就可以查看报表。

5.4　建立 SQL 的查询

用"查找"按钮来找数据说的是查找，并不是查询。在回答"查询究竟是什么？"这个问题之前，我们首先要知道，并不需要将所有可能用到的数据都罗列在表上，即使是一些需要计算的值，也统统先算好以后才填到表中，仍然像在纸上使用表格及其里面的数据那样，完全没有觉得 Access 数据库中的表和纸上的表格有什么区别。这是很多刚刚接触 Access 数据库的人通常会出现的情况。其实在 Access 数据库中的表并不是一个百宝箱，不需要将所有的数据都保存在一张表中。不同的数据可以分门别类地保存在不同的表中，就像在"客户信息表"中保存和客户资料有关的信息，而在"订单信息表"中保存和订单内容相关的信息。

在使用表存储数据的时候我们都有侧重点，通过它们的名字就可以看出这个表是用来做什么的，这样很容易就可以知道哪些表中存储有什么数据内容。很少有人会把表的名字起成"表一"、"表二"的。如果有很多表的话，这样根本就不知道这些表存储了什么内容。所以我们在建立表的时候，首先想的就是要把同一类的数据放在一个表中，然后给这个表取个一目了然的名字，这样管理起来会方便得多。但是另一方面，我们在实际工作中使用数据库中的数据时，并不是简单地使用这个表或那个表中的数据，而常常是将有"关系"的很多表中的数据一起调出使用，有时还要把这些数据进行一定的计算以后才能使用。如果再建立一个新表，把要用到的数据复制到新表中，并把需要计算的数据都计算好，再填入新表中，就显得太麻烦了，用"查询"对象可以很轻松地解决这个问题，它同样也会生成一个数据表视图，看起来就像新建的"表"对象的数据表视图一样。"查询"的字段来自很多互相之间有"关系"的表，这些字段组合成一个新的数据表视图，但它并不存储任何的数据。当我们改变"表"中的数据时，"查询"中的数据也会发生改变。计算的工作也可以交给它来自动地完成，完全将用户从繁重的体力劳动中解脱出来，充分体现了计算机数据库的优越性。让我们在数据库中建立一个"查询"，看看"查询"究竟有什么用，该怎么用。

5.4.1　查询 SQL 视图的切换

在使用过程中，我们经常会使用到一些查询，但这些查询用各种查询向导和设计器都无法做出来，我们用 SQL 查询，用这种查询就可以完成比较复杂的查询工作。当你刚开始使用 Access，用设计视图和向导就可以建立很多有用的查询，这些足够掌握一段时间了，而且它的功能已经基本上能满足我们的需要。而 SQL 语言作为一种通用的数据库操作语言，并不是 Access 用户必须要掌握的，但在实际的工作中有时必须用到这种语言才能完成一些特殊的工作。

单纯的 SQL 语言所包含的语句并不多，但在使用的过程中需要大量输入各种表、查询和字段的名字。这样当你建立一个涉及大量字段的查询时，就需要输入大量文字，与用查询设计视图建立查询相比，就麻烦多了。所以我们在建立查询的时候也都是先在查询设计视图将基本的查询功能都实现了，最后再切换到 SQL 视图通过编写 SQL 语句完成一些特殊的查询。下面我们就介绍一些在 Access 使用中常常会用到的一些 SQL 语言。

在建立查询的时候可以切换到 SQL 视图去，下面来看看是怎么切换的。

当你打开一个查询以后，并没有一个"使用 SQL 视图创建查询"的选项，这也表明 Access 并不提倡在工作中使用 SQL 语言，如果双击"创建"查询向导这一项，之后将会在屏幕上出现一个设计视图。如图 5.28 所示。

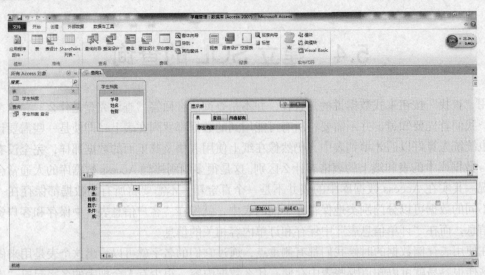

图 5.28 查询视图

现在我们要切换到 SQL 视图,有两种方式:一种是单击鼠标右键,在弹出菜单中选择"SQL 视图";另一种是在"设计"选项卡中选择"视图"下拉按钮中的"SQL 视图",如图 5.29 所示。

图 5.29 "视图"下拉按钮

就可以将视图切换到 SQL 状态。如图 5.30 所示。

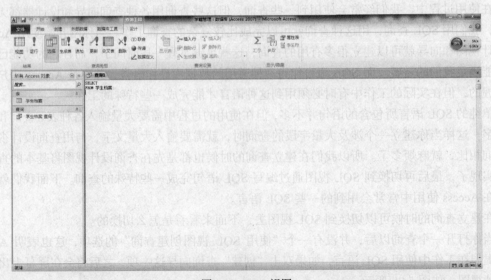

图 5.30 SQL 视图

5.4.2　基本的 SQL 语句

在 SQL 语言中用得最多的就是 SELECT 语句了。我们就先讲讲 SELECT 语句吧。SELECT 语句构成了 SQL 数据库语言的核心，它的语法包括 5 个主要子句，分别是FORM、WHERE、GROUP BY、HAVING、ORDER BY 子句。

SELECT 语句的结构是这样的。

SELECT〈字段列表〉

FROM〈表列表〉

［WHERE〈行选择说明〉］

［GROUP BY〈分组说明〉］

［HAVING〈组选择说明〉］

［ORDER BY〈排序说明〉］;

实际上，当我们要将表 1 的字段 1 和字段 3 用来建立一个查询的话，只需要书写下面这样一条语句就可以了。如图 5.31 所示。

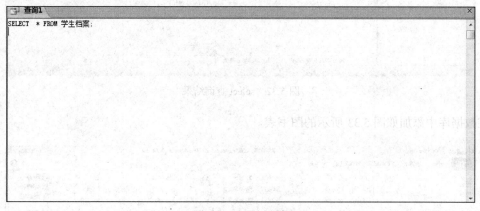

图 5.31　select 查询

SELECT 表 1.字段 1，表 1.字段 3（表的名字、字段名最好和具体的例子结合起来）

FROM 表 1;

我们可以这样理解这句话，从表 1 中选择出字段 1 和字段 3，选中的每个字段都用逗号隔开，并且每个字段前面都列的有表或查询的名字，并用“.”联起来。而 FROM 后面则需要有包含这些字段的所有表的名称，各个名称之间要用逗号联接起来。

现在我们可以单击“设计”选项卡上的“运行”按钮，其运行结果如图 5.32 所示。

现在我们看到了这个查询的结果，和直接用查询视图设计的查询产生了相同的效果。其实 Access 中所有的数据库操作都是由 SQL 语言构成的，微软公司只是在其上增加了更加方便的操作向导和可视化设计罢了。

当我们直接用设计视图建立一个同样的查询以后，将视图切换到 SQL 视图，你会惊奇地发现，在这个视图中的 SQL 编辑器中有同样的语句。看来是 Access 自动生成的语句。原来 Access 也是先生成 SQL 语句，然后用这些语句再去操作数据库。

下面看看 SELECT 语句中后几种子句的用途。这些子句都被方括号适起来了，这是表明这些子句在 SELECT 语句中都是可选项目，其中 WHERE 子句是一个行选择说明子句，用这个语句可以对我们所选的行，就是表中的记录进行限制，当 WHERE 后面的行选择说明为真的时候才将这些行作为查询的行，而且在 WHERE 中还可以有多种约束条件，这些条件可以通过"AND"这样的逻辑运算符联接起来。

```
SELECT 表1.字段1，表1.字段3
FROM 表1
WHERE 表1.字段2 = 2;
```

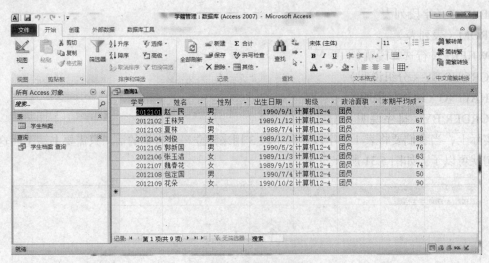

图 5.32 select 查询结果

在数据库中添加如图 5.33 所示的图书表。

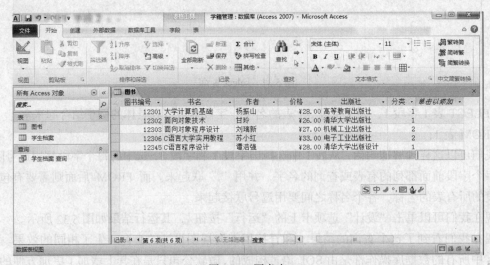

图 5.33 图书表

例如：查询图书价格小于等于 27 元的图书信息。

```
SELECT *
from 图书
where 价格<=27
```

现在我们再单击工具栏中的"运行"按钮，结果如图 5.34 所示。

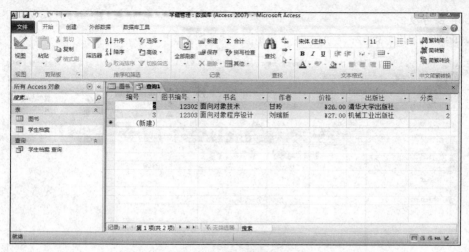

图 5.34　条件查询结果

下面让我们来看看 GROUP BY 子句，这两个词在 Access 中你一定见过，在用设计视图建立总计查询的时候，在表格中会出现一个总计选项。这时在这个选项对应的表格内就出现 GROUP BY 这两个词。

现在我们就来看看这个子句有什么用处，如图 5.33 所示。

SELECT 表1.字段2, SUM（表1.字段3）
FROM 表1
GROUP BY 字段2;

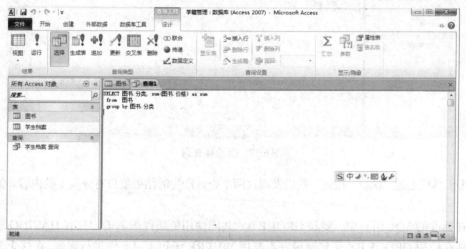

图 5.35　分组查询

单击工具栏上的"执行"按钮就会发现这个 SQL 语句将字段 2 中的所有记录分成了几组，并将这几组的总消耗都统计了出来，其中 SUM 函数是用来产生合计的函数。如图 5.36 所示。

现在再讲讲 HAVING 子句，当你在使用 GROUP BY 子句对表或查询中的记录进行分组的时候，有时我们会要求对所选的记录进行限制，只允许满足条件的行进行分组和各种统计计算，如图 5.37 所示。于是我们写道：

SELECT 表1.字段2, SUM（表1.字段3）
FROM 表1

```
GROUP BY 字段 2
HAVING 表 1.字段 2 <> 2;
```

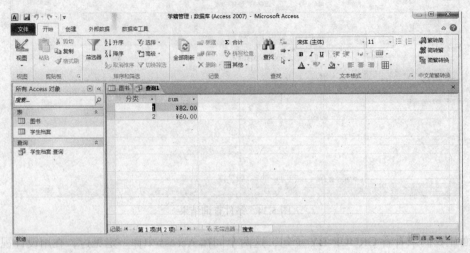

图 5.36　分组查询结果

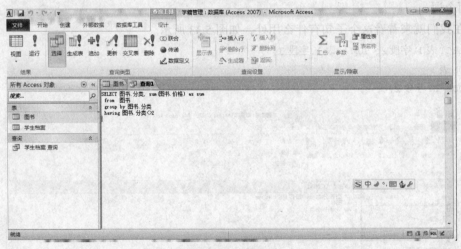

图 5.37　组选择查询

　　单击工具栏上的"执行"按钮，我们发现这两个查询产生的结果就只有分类 1 的内容。如图 5.38 所示。

　　但在标准的 SQL 语言中，要和 GROUP BY 共同使用的条件限制语句只有 HAVING 子句，所以要记住在使用 GROUP BY 子句时最好不要用 WHERE 子句来对条件进行限制。在这个 SELECT 语句中还有一个 ORDER BY 语句，这个语句是用来将各种记录进行排序，如图 5.39 所示。

```
SELECT 表 1.字段 2, SUM（表 1.字段 3）
FROM 表 1
ORDER BY 表 1.字段 3;
```

　　例如：将图书价格从低到高排序，使用以下查询语句：

```
SELECT *
from 图书
ORDER BY 价格
```

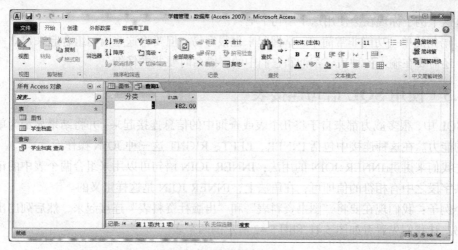

图 5.38　组选择查询结果

图 5.39　排序查询

现在执行这个查询，我们发现所有记录的顺序是按照字段价格来进行的，如图 5.40 所示。

图 5.40　排序查询结果

通过这个例子你现在会使用这个子句了吧？

SQL 语句的单一功能非常简单，掌握起来也很容易。但要将这些语句组合起来建立一个较大的查询，还需要在输入各种表、查询和它们中的字段名时要非常仔细。

5.4.3　使用 SQL 语句连接表

在 SQL 中，很多威力都来自于将几个表或查询中的信息连接起来，并将结果显示为单个逻辑记录集的能力。在这种连接中包括 INNER、LEFT、RIGHT 这三种 JOIN 操作。

首先我们来讲讲 INNER JOIN 的用法：INNER JOIN 语句可以用来组合两个表中的记录，只要在公共字段之中有相符的值即可，在语法上，INNER JOIN 是这样定义的。

举个例子：我们现在要将"图书资料表"和"出版社资料表"连接起来，然后列出出版社所出的图书。让我们先看看如图 5.41 和图 5.42 所示的两个表。

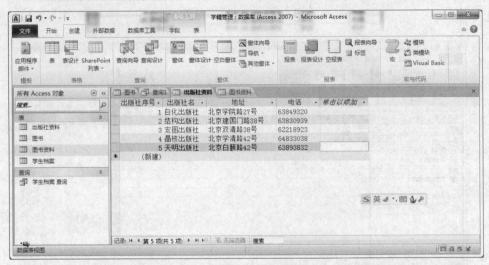

图 5.41　出版社资料

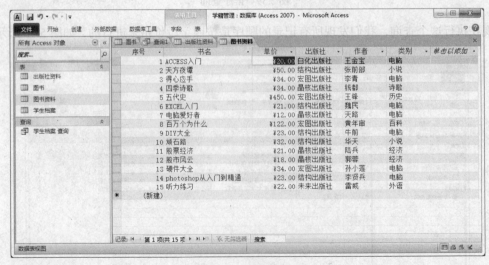

图 5.42　图书资料

然后在 SQL 设计视图中输入如图 5.43 所示的内容。

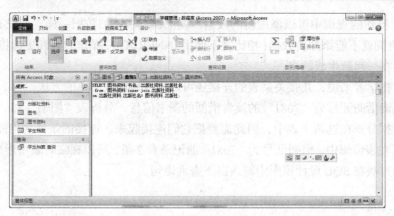

图 5.43　连接查询 SQL

现在我们执行这个 SQL 语句，如图 5.44 所示。

图 5.44　连接查询结果

发现现在的查询结果将所有出版社和图书都列了出来。

这个查询也可以用下面的语句来实现，如图 5.45 所示。

SELECT 图书资料.书名, 出版社资料.出版社名

from　图书资料,出版社资料

where 出版社资料.出版社名= 图书资料.出版社;

图 5.45　连接查询 SQL

将两个查询都切换到数据表视图后我们会发现两个查询的查询结果虽然一样，但在使用

INNER JOIN 操作的查询中可以添加新的数据。就像在表中添加数据一样。而没有使用 INNER JOIN 操作的查询就不能添加新数据，相比之下使用 INNER JOIN 操作的查询更像将两个具有相关内容的表联接在一起新生成的表。

其实，对初学者来说，几张关系表的连接还可以用一种比较简单的方法。

如果要查询借阅证号为"7081"的读者借阅的图书信息，分析表"图书"和"借阅"可以知道，需要的数据分布在这两个表中，因此需要把它们连接起来。连接的条件为借阅.图书编号=图书.图书编号。在表借阅中，借阅证号为"7081"的记录有 2 条，所以在临时表中形成了 2 条记录。

用相同的方法在 SQL 设计视图中输入以下查询语句：

```
SELECT *
from 图书,借阅
where 图书.图书编号=借阅.图书编号  and 借阅.借阅证号=7081;
```

执行结果如图 5.46 所示。

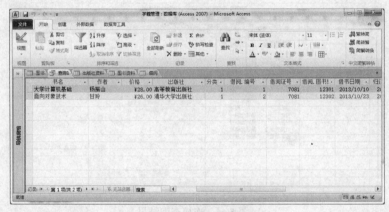

图 5.46　连接查询结果

从结果可以看到，"借阅"和"图书"两张表已经自然连接起来，其中满足条件的 2 条记录被显示出来。

嵌套查询

在 SQL 中，一个 SELECT…FROM…WHERE 称为一个查询块，将一个查询块嵌套在另一个 SELECT 语句的 WHERE 子句或 HAVING 子句中称为嵌套查询，也就是说，SELECT 语句中还有 SELECT 语句叫作嵌套查询。嵌套查询的优点是让用户能够用多个简单查询构造复杂的查询，从而增加 SQL 的查询能力，体现查询的结构化。

下面通过几个实例说明嵌套查询的原理和应用。

例：查询借阅了"大学计算机基础"这本书的读者的借阅证号。

语句 SELECT 图书.图书编号 FROM 图书 WHERE 书名="大学计算机基础"把表图书中"大学计算机基础"的图书编号查询出来，因此在表借阅中查询时就查询图书编号与"大学计算机基础"相同的记录。

完整的 SELECT 语句为：

```
SELECT 借阅证号
FROM  借阅
WHERE 图书编号 IN
（SELECT S 图书编号
```

```
            FROM 图书
                  WHERE 书名="大学计算机基础")
```

例：查询"王子建"所借阅的所有图书的信息。

```
SELECT  *
FROM 图书
WHERE 图书编号 in
(select 图书编号
 from 借阅
 where 借阅证号 in
(select 借阅证号
 from 读者
 where 姓名="王子建"))
```

定义新的字段名

在有的时候，将要建立的查询中的字段名意义有了新的变化，不能再使用，或者有的新字段是由表达式构成的，这样的字段都需要在查询中为它们设定新的名字。在 SQL 中可以用"AS"操作来实现定义新的字段名。

例如在新建的查询中将"表 1"中的"字段 1"的内容对应到新字段"新字段 1"中：SELECT 表 1.字段 1 AS 新字段 1 FROM 表 1；现在再看看这个查询的数据表，可以看到在表中的字段名已经换成了"新字段 1"了。

5.5 实 验 五

一、实验目的

- 熟练掌握数据库的创建、打开以及利用窗体查看数据库
- 数据库记录的排序、数据查询
- 对数据表进行编辑、修改、创建字段索引

二、实验内容

（1）创建"学籍管理"数据库。

"图书管理"数据库表结构如表 5.2 所示。

表 5.2　　　　　　　　　　　　　　"图书管理"数据库

分类号	书名	出版社	出版日期	作者	价格	借出否
10112388	大学语文	高教出版社	12-9-1	王莹	20.50	否
10112389	大学物理	人民邮电出版社	10-1-12	李凯宾	17.80	否
10112390	大学计算机基础	清华大学出版社	11-7-4	吴世怡	32.50	是
10112391	C 语言程序设计	机械出版社	12-12-1	祁宏兴	12.00	是
10112392	Windows 入门	重庆大学出版社	10-5-2	郑磊	18.60	否

（2）删除第 2 个记录，再将其追加进去。

（3）查询数据库中"价格"高于 20 元的图书信息，并将其所有信息打印出来。

（4）将"图书管理"数据库按价格从高到低重新排列并打印输出，报表显示"分类号"、"书

名"、"出版社"、"作者"等字段。

5.6 练 习 五

一、填空题

1. 数据库是指有组织地、动态地存储在_____上的相互联系的数据的集合。

2. 三种主要的数据模型是_____、_____、_____。

3. 关系代数中专门的关系运算包括：选择、投影和_____。

4. 关系模式中，一个关键字可由_____其值能唯一标识该关系模式中任何元组的属性组成。

5. 数据库的数据独立性是指_____与存储在外存上的数据库中的数据是相互独立的。

6. 数据库是_____的集合体，一个数据库只能有一个或多个表。表是由许多相同格式的数据_____所组成；在数据记录中的每一个属性称为_____。

7. SQL 数据库查询语言主要的数据访问与查询指令有 4 个：_____、_____、_____、_____。

8. 数据库管理系统是用来管理数据库的软件系统，是_____和_____的软件接口。

9. Acccss 2010 默认的文件格式为_____。

二、选择题

1. 下列四项中，不属于数据库特点的是（   ）。

    A. 数据共享   B. 数据完整性   C. 数据冗余很高   D. 数据独立性高

2. 反映现实世界中实体及实体间联系的信息模型是（   ）。

    A. 关系模型   B. 层次模型   C. 网状模型   D. E-R 模型

3. 在 DBS 中，DBMS 和 OS 之间的关系是（   ）。

    A. 相互调用   B. DBMS 调用 OS

    C. OS 调用 DBMS   D. 并发运行

4. SQL 语言通常称为（   ）。

    A. 结构化查询语言   B. 结构化控制语言

    C. 结构化定义语言   D. 结构化操纵语言

5. SQL 语言中，SELECT 语句的执行结果是（   ）。

    A. 属性   B. 表   C. 元组   D. 数据库

6. 在数据库中存储的是（   ）。

    A. 数据   B. 数据模型

    C. 数据以及数据之间的联系   D. 信息

三、判断题

1. 网状式数据模型是最早出现的数据库模型之一。（   ）

2. 关系型数据模型的表是由记录中的行和数据列所组成。（   ）

3. Access 软件所采用的数据模型是应用最普遍的层次式数据模型。（   ）

4. 查询是数据库最重要的功能之一，且可以建立不同的查询条件。（   ）

5. Access 会随时保存数据库的数据内容，基本不需要执行保存数据内容的功能。（   ）

6. 每一个表必须设定所需的数据属性，此属性称为字段。（   ）

7. 表是用来存放数据库相关数据的文件，而一个数据库只能有一个表。（   ）

第6章
练习参考答案

练习 一

一、选择题

1. Windows 默认的启动方式是（B）。
   A. 安全方式
   B. 通常方式
   C. 具有网络支持的安全方式
   D. MS-DOS 方式

2. 关于"开始"菜单，说法正确的是（C）。
   A. "开始"菜单的内容是固定不变的
   B. 可以在"开始"菜单的"程序"中添加应用程序，但不可以在"程序"菜单中添加
   C. "开始"菜单和"程序"里面都可以添加应用程序
   D. 以上说法都不正确

3. 关于 Windows 的文件名描述正确的是（B）。
   A. 文件主名只能为 8 个字符
   B. 可长达 255 个字符，无须扩展名
   C. 文件名中不能有空格出现
   D. 可长达 255 个字符，同时仍保留扩展名

4. 在 Windows 中，当程序因某种原因陷入死循环，下列哪一个方法能较好地结束该程序（A）。
   A. 按 Ctrl+Alt+Del 组合键，然后选择"结束任务"结束该程序的运行
   B. 按 Ctrl+Del 组合键，然后选择"结束任务"结束该程序的运行
   C. 按 Alt+Del 组合键，然后选择"结束任务"结束该程序的运行
   D. 直接 Reset 计算机结束该程序的运行

5. Windows 中文输入法的安装按以下步骤进行（A）。
   A. 按"开始"、"控制面板"、"区域和语言"、"输入法"、"添加"的顺序操作
   B. 按"开始"、"控制面板"、"字体"的顺序操作
   C. 按"开始"、"控制面板"、"系统"的顺序操作
   D. 按"开始"、"控制面板"、"添加/删除程序"的顺序操作

6. "我的电脑"图标始终出现在桌面上，不属于"我的电脑"的内容有（D）。
   A. 驱动器
   B. 我的文档
   C. 控制面板
   D. 打印机

7. 在 Windows 中，下列关于"任务栏"的叙述，（D）是错误的。
   A. 可以将任务栏设置为自动隐藏

B. 任务栏可以移动

C. 通过任务栏上的按钮，可实现窗口之间的切换

D. 在任务栏上，只显示当前活动窗口名

8. 在 Windows 默认环境中，（C）能将选定的文档放入剪贴板中。

    A. Ctrl+V   B. Ctrl+Z

    C. Ctrl+X   D. Ctrl+A

9. 在 Windows 默认环境中，（B）是中英文输入切换键。

    A. Ctrl+Alt   B. Ctrl+空格

    C. Shift+空格   D. Ctrl+Shift

10. Windows 的整个显示屏幕称为（D）。

    A. 窗口   B. 操作台   C. 工作台   D. 桌面

11. 在 Windows 默认环境中，（C）不能使用"查找"命令。

    A. 用"开始"菜单中的"查找"命令

    B. 在"资源管理器"窗口中按"查找"按钮

    C. 用鼠标右键单击"开始"按钮，然后在弹出的菜单中选"查找"命令

    D. 用鼠标右键单击"我的电脑"图标，然后在弹出的菜单中选"查找"命令

12. 在 Windows 默认环境中，若已找到了文件名为 test.bat 的文件，（A）不能编辑该文件。

    A. 用鼠标左键双击该文件

    B. 用鼠标右键单击该文件，在弹出的系统快捷菜单中选"编辑"命令

    C. 首先启动"记事本"程序，然后用"文件/打开"菜单打开该文件

    D. 首先启动"写字板"程序，然后用"文件/打开"菜单打开该文件

13. 在 Windows 中，下列关于"回收站"的叙述中，（C）是正确的。

    A. 不论从硬盘还是软盘上删除的文件都可以用"回收站"恢复

    B. 不论从硬盘还是软盘上删除的文件都不能用"回收站"恢复

    C. 用 Delete 键从硬盘上删除的文件可用"回收站"恢复

    D. 用 Shift+Delete 组合键从硬盘上删除的文件可用"回收站"恢复

14. 在 Windows 默认环境中，（A）不能运行应用程序。

    A. 用鼠标左键单击应用程序快捷方式

    B. 用鼠标左键双击应用程序图标

    C. 用鼠标右键单击应用程序图标，在弹出的系统快捷菜单中选"打开"命令

    D. 用鼠标右键单击应用程序图标，然后按 Enter 键

15. 在 Windows 的"资源管理器"窗口左部，单击文件夹图标左侧的减号（-）后，屏幕上显示结果的变化是（B）。

    A. 该文件夹的下级文件夹显示在窗口右部

    B. 窗口左部显示的该文件夹的下级文件夹消失

    C. 该文件夹的下级文件显示在窗口左部

    D. 窗口右部显示的该文件夹的下级文件夹消失

16. 在 Windows 中，下列不能用在文件名中的字符是（C）。

    A. ,   B. ^   C. ?   D. +

17. 下列关于 Windows "回收站" 的叙述中，错误的是（D）。

    A. "回收站" 中的信息可以清除，也可以还原

    B. 每个逻辑硬盘上 "回收站" 的大小可以分别设置

    C. 当硬盘空间不敷使用时，系统自动使用 "回收站" 所占据的空间

    D. "回收站" 中存放的是所有逻辑硬盘上被删除的信息

18. 在 Windows 中，呈灰色显示的菜单意味着（A）。

    A. 该菜单当前不能选用

    B. 选中该菜单后将弹出对话框

    C. 选中该菜单后将弹出下级子菜单

    D. 该菜单正在使用

19. 在 Windows 中，若系统长时间不响应用户的要求，为了结束该任务，应使用的组合键是（D）。

    A. Shift+Esc+Tab   B. Crtl+Shift+Enter

    C. Alt+Shift+Enter   D. Alt+Ctrl+Del

20. 在 Windows 的 "资源管理器" 窗口中，若希望显示文件的名称、类型、大小等信息，则应该选择 "查看" 菜单中的（B）。

    A. 列表   B. 详细资料   C. 大图标   D. 小图标

练　习　二

一、填空题

1. 当新建一个 Word 文档后，在文档的开始位置将出现一个闪烁的光标，称为 "光标"，在 Word 中输入的任何文本都会在该处出现。

2. 在 Word 中，文本的输入可以分为两种模式：插入模式和改写模式。

3. 在 "日期和时间" 对话框中，如果选中了 "自动更新" 复选框，则在每次打印之前，Word 都会自动对插入的日期和时间进行更新。

4. Word 2010 提供了拼写与语法检查功能，可以通过其自带的更正字库对一些常见的拼写错误进行自动更正。

5. 在进行拼写与语法检查时，红色的波浪线表示可能存在单词拼写错误，绿色的波浪线表示可能存在语法错误。

6. 在 Word 2010 中，不仅可以查找文档中的普通文本，还可以对特殊字符和字体格式等进行查找。

二、选择题

1. 将插入点置于段落中，单击（C）次鼠标左键可快速选中该段落。

    A. 1   B. 2   C. 3   D. 4

2. 在（A）模式下，用户输入的文本将在插入点的左侧出现，而插入点右侧的文本将依次向后顺延。

    A. 插入   B. 输入   C. 改写   D. 改正

3. 在拼写错误快捷菜单中，选择 "（B）" 命令后，当再次输入该单词时，Word 就会认为该

单词是正确的。

    A. 全部忽略   B. 添加到词典

    C. 自动更正   D. 语言

4. 在查找文档中的指定内容时，如果只查找符合条件的完整单词，而不搜索长单词中的一部分，可在"搜索选项"选项组中选中"（B）"复选框。

    A. 区分大小写   B. 全字匹配

    C. 使用通配符   D. 同音（英文）

练 习 三

一、选择题

1. 在 Excel 2010 中新建工作簿时，可执行的操作有（ABC）。

    A. 按【Ctrl+N】组合键

    B. 执行"文件—新建"命令

    C. 在自定义快速访问工具栏中单击"新建"按钮

2. 在 Excel 2010 中编辑单元格内容的方法有（AB）。

    A. 通过编辑栏进行编辑

    B. 在单元格中直接进行编辑

    C. 一旦输入就无法编辑

3. 在 Excel 2010 中插入空单元格的操作是（AC）。

    A. 选定要插入单元格的位置

    B. 执行"插入—单元格"命令；或者用鼠标右键单击选定的单元格，从弹出的快捷菜单中选择"插入"命令

    C. 从弹出的"插入"对话框中选择插入方式，并单击"确定"按钮

4. 在 Excel 2010 中可以自动完成的操作有（B）。

    A. 排序   B. 填充   C. 求和

5. 下列选项在 Excel 2010 中可被当作公式的有（AC）。

    A. =10*2/3+4

    B. =SUN（A1：A3）

    C. =B5&C6

6. 在 Excel 2010 中正确引用其他工作簿中单元格的公式是（C）。

    A. =SUM（A1：A3）

    B. =SUM（Sheet3! B6：B8）

    C. =SUM（'C：\MY DOCUMENTS\[工作簿 1.xls]Sheet1'! $B$3：$B$4）

7. 在 Excel 2010 中，公式"=SUM（13,22,1）"应得到的结果是（C）。

    A. 0   B. 1   C. 36

8. Excel 文件默认的扩展名是（B）。

    A. xls   B. xlsx

    C. docx   D. pptx

9. 在 Excel 2010 中，假设在 D4 单元格内输入公式"C3+$A$5"，再把公式复制到 E7 单元格中，则在 E7 单元格内，公式实际上是（B）。

A．C3+$A$5 　　　　　　　　　B．D6+$A$5

C．C3+$B$8 　　　　　　　　　D．D6+B8

10. 下列选项可作为退出 Excel 2010 的快捷键是（A）。

A．Alt+F4 　　　　B．Win+D 　　　　C．Ctrl+O

二、简答题

1. 简述 Excel 中文件、工作簿、工作簿和单元格之间的关系。

文件，是我们对各类文档的统称，每个独立的 EXCEL 工作簿，都是一个文件。

Excel 工作簿只是其中一种文件，工作簿中，可以有很多张工作表，默认工作表名一般是 sheet1,sheet2,shee3……。而在每张工作表中，又包含了多个单元格。单元格采用行列交叉来命名，行为 1，2，3…。这样的数字，列为 A,B,C…这样的字母。简单说，文件最大，工作簿次之，再者是工作表，最后是单元格。

2. Excel 输入的数据类型有哪 3 种?

Excel 单元格中只保存 3 种类型的数据：数值、文本和公式。

（1）数值

数值可以理解为一些数据类型的数量，数值有一个共同的特点，就是常常用于各种数学计算。工资数、学生成绩、员工年龄、销售额等数据，都属于数值类型。当然，我们常常使用的日期、时间数据也都属于数值类型的数据。

（2）文本

说明性、解释性的数据描述我们称为文本类型。文本当然是非数值类型的。比如，员工信息表的列标题"员工编号"、"姓名"、"性别"、"出生年月"等字符都属于文本类型。文本和数值有时候容易混淆，比如手机号码"13391129978"，银行账号"3100090001201596254"，从外表上它是数字组成的，但实际上我们应告诉 Excel 把它们作为文本处理，因为它们并不是数量，而是描述性的文本。

（3）公式

把公式列为不同于"数值"和"文本"之外的第 3 种数据类型。公式的共同特点是以"="号开头，它可以是简单的数学式，也可以是包含各种 Excel 函数的式子。

3. Excel 对单元格的引用有哪几种方式?

相对引用、绝对引用、混合引用。

4. 单元格的清除与单元格的删除有什么不同?

清除是指删除其内容，行列仍然在。清除后，空单元格要占位置。

如果是删除，则连同单元格行或列一起删除。它周围的单元格或行将会占据它的位置。

5. 简述图表的建立方法。

图表的创建步骤。创建图表时，应先创建或打开相应 Excel 工作表，选中需要图表显示的数据，执行"插入—图表"选择相应图表类型进行建立图表。

6. 简述数据透视表的功能。

数据透视表是一种交互的、交叉制表的 Excel 报表，用于对数据进行汇总和分析。数据透视表对于汇总、分析、浏览和呈现汇总数据非常有用。

7. 在工作表 Sheet2 的 B2：J10 区域输入九九乘法表。

如图 6.1 所示。

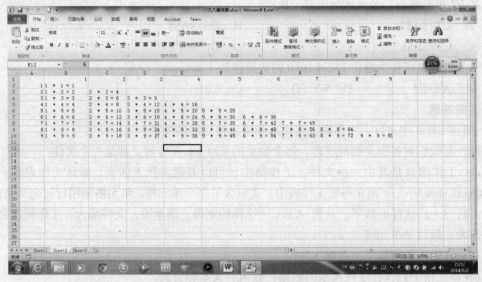

图 6.1　九九乘法表

练　习　四

一、选择题

1. 利用 PowerPoint 制作幻灯片时，幻灯片在（B）窗格制作。

　　A. 状态栏　　　　　　B. 幻灯片窗格　　C. 缩略图窗格　　　D. 备注窗格

2. 下面的选项中，不属于 PowerPoint 窗口部分的是（D）。

　　A. 幻灯片窗格　　　B. 大纲窗格　　　　C. 备注窗格　　　　D. 播放区

3. PowerPoint 中，（B）视图模式可以实现在其他视图中可实现的一切编辑功能。

　　A. 普通视图　　　　　B. 大纲视图　　　　C. 幻灯片视图　　　D. 幻灯片浏览视图

4. PowerPoint 中，（A）视图主要显示主要的文本信息。

　　A. 普通视图　　　　　B. 大纲视图　　　　C. 幻灯片视图　　　D. 幻灯片浏览视图

5. PowerPoint 中，（D）视图模式用于查看幻灯片的播放效果。

　　A. 大纲模式　　　　　　　　　　　　　　B. 幻灯片模式

　　C. 幻灯片浏览模式　　　　　　　　　　　D. 幻灯片放映模式

6. PowerPoint 中，用"文本框"工具在幻灯片中添加文本时，如果要插入竖排文本框，下面叙述中正确的是（D）。

　　A. 默认的格式就是竖排　　　　　　　　　B. 不可能竖排

　　C. 选择文本框下拉菜单中的水平项　　　　D. 选择文本框下拉菜单中的垂直项

7. PowerPoint 中，用文本框工具在幻灯片中添加图片操作，下列叙述正确的有（D）。

　　A. 添加图片只能用文本框　　　　　　　　B. 文本插入完成后自动保存

　　C. 文本框的大小不可改变　　　　　　　　D. 文本框的大小可以改变

8. PowerPoint 中，欲在幻灯片中添加文本框，在菜单栏中要选择（B）菜单。

    A. 视图　　　　　　　B. 插入　　　　　　C. 格式　　　　　　　D. 工具

9. PowerPoint 中，用文本框在幻灯片中添加文本时，在"插入"下拉菜单中应选择（B）。

    A. 视图　　　　　　　B. 文本框　　　　　C. 影片和声音　　　　D. 表格

10. PowerPoint 中，选择幻灯片中的文本时，文本选择成功时，（B）。

    A. 所选的文本闪烁显示　　　　　　　　　B. 所选幻灯片中的文本变成反白

    C. 文本字体发生明显改变　　　　　　　　D. 状态栏中出现成功字样

二、判断题

1. 如果用户对已定义的版式不满意，只能重新创建新演示文稿，无法重新选择自动版式。

    （×）

2. 要修改已创建超链接的文本颜色，可以通过修改配色方案来完成。　　　　（√）

3. 在幻灯片浏览视图方式下是不能改变幻灯片内容的。　　　　　　　　　（×）

4. PowerPoint 允许在幻灯片上插入图片、声音、视频、图像等多媒体信息，但不能在幻灯片中插入 CD 音乐。　　　　　　　　　　　　　　　　　　　　　　　　　　　　　　（×）

5. 应用配色方案时，只能应用于全部幻灯片，不能只应用于某一张幻灯片。　（×）

6. 演示文稿中的每张幻灯片都有一张备注页。　　　　　　　　　　　　　（√）

7. 设置循环放映时，需要按 Esc 键终止放映。　　　　　　　　　　　　　（√）

8. 在 PowerPoint 中，更改背景和配色方案时，单击"应用"按钮，则对当前幻灯片进行更改。　　　　　　　　　　　　　　　　　　　　　　　　　　　　　　　　　　　　（√）

9. 在 PowerPoint 中，文本占位符包括标题、副标题和普通文本。　　　　　（√）

10. PowerPoint 中的自动版式提供的正文文本往往带有项目符号，项目符号不可以取消。

    （×）

练 习 五

一、填空题

1. 数据库是指有组织地、动态地存储在计算机外存上的相互联系的数据的集合。

2. 三种主要的数据模型是层次模型、网状模型、关系模型。

3. 关系代数中专门的关系运算包括：选择、投影和联接。

4. 关系模式中，一个关键字可由一个或多个其值能唯一标识该关系模式中任何元组的属性组成。

5. 数据库的数据独立性是指用户的应用程序与存储在外存上的数据库中的数据是相互独立的。

6. 数据库是表的集合体，一个数据库只能有一个或多个表。表是由许多相同格式的数据记录所组成；在数据记录中的每一个属性称为字段。

7. SQL 数据库查询语言主要的数据访问与查询指令有 4 个：select、insert、update、delete。

8. 数据库管理系统是用来管理数据库的软件系统，是用户和数据库的软件接口。

9. Acccss 2010 默认的文件格式为 accdb。

二、选择题

1. 下列四项中，不属于数据库特点的是（ C ）。

    A. 数据共享   B. 数据完整性   C. 数据冗余很高   D. 数据独立性高

2. 反映现实世界中实体及实体间联系的信息模型是（ D ）。

    A. 关系模型   B. 层次模型   C. 网状模型   D. E-R 模型

3. 在 DBS 中，DBMS 和 OS 之间的关系是（ B ）。

    A. 相互调用   B. DBMS 调用 OS

    C. OS 调用 DBMS   D. 并发运行

4. SQL 语言通常称为（ A ）。

    A. 结构化查询语言   B. 结构化控制语言

    C. 结构化定义语言   D. 结构化操纵语言

5. SQL 语言中，SELECT 语句的执行结果是（ B ）。

    A. 属性   B. 表   C. 元组   D. 数据库

6. 在数据库中存储的是（ C ）。

    A. 数据   B. 数据模型

    C. 数据以及数据之间的联系   D. 信息

三、判断题

1. 网状式数据模型是最早出现的数据库模型之一。   （ √ ）

2. 关系型数据模型的表是由记录中的行和数据列所组成。   （ √ ）

3. Access 软件所采用的数据模型是应用最普遍的层次式数据模型。   （ × ）

4. 查询是数据库最重要的功能之一，且可以建立不同的查询条件。   （ √ ）

5. Access 会随时保存数据库的数据内容，基本不需要执行保存数据内容的功能。 （ × ）

6. 每一个表必须设定所需的数据属性，此属性称为字段。   （ √ ）

7. 表是用来存放数据库相关数据的文件，而一个数据库只能有一个表。 （ × ）

第7章
主教材参考答案

习题 1

一、单项选择题

1. （A）、物质与能源并称为人类文明 3 大要素。
   A. 信息　　　　　B. 金钱　　　　　C. 太空　　　　　D. 权力

2. 追根溯源，最古老的计算设备是在公元前 600 年，中国人发明的（B）。
   A. 日晷　　　　　B. 算盘　　　　　C. 火药　　　　　D. 印刷术

3. （B）首先提出了在计算机内存储程序的概念，使用单一处理部件来完成计算、存储及通信工作，使具有"存储程序"的计算机成为现代计算机的重要标志。
   A. 英国 艾兰·图灵　　　　　　　B. 美籍匈牙利人 冯·诺依曼
   C. 美国 华盛顿　　　　　　　　　D. 中国 孔子

4. 计算机技术结合通信技术，二者融合，于是产生了（C）。
   A. 图灵机　　　　　　　　　　　B. 超级计算机
   C. 计算机网络　　　　　　　　　D. 专用计算机

5. 我国的计算机"曙光 5000"和"天河一号"属于（A）。
   A. 巨型机　　　　B. 中型机　　　　C. 微型机　　　　D. 笔记本电脑

6. 第一台电子计算机诞生于（A）。
   A. 1946 年　　　　　　　　　　　B. 1944 年
   C. 1936 年　　　　　　　　　　　D. 1932 年

二、判断题

1. 计算机科学就是使用计算机编制程序。　　　　　　　　　　　　　　　（×）
2. 嵌入式计算机处理器采用的架构与 PC 相同。　　　　　　　　　　　　（×）
3. 计算机科学的发展与大规模集成电路的发展紧密相关。　　　　　　　　（√）
4. 现代计算机与图灵机的本质是一样的。　　　　　　　　　　　　　　　（×）
5. 在磁盘上发现计算机病毒后，最彻底的解决办法是格式化磁盘。　　　　（√）
6. 信息是数据加工后的产品。　　　　　　　　　　　　　　　　　　　　（√）
7. 数字化，实际是指计算机只能处理 0～9 的数字。　　　　　　　　　　（×）
8. 数字化、网络化、信息化是 21 世纪的时代特征。　　　　　　　　　　（√）

三、思考题

1. 信息与数据的区别是什么?

数据只是对客观事物的一种符号描述,本身不具备任何意义;而信息则是数据加工处理以后的东西。因此,可以说数据是信息的"原材料",而信息则是数据加工后的"产品"。

2. 什么是信息技术?具体包括哪些内容?

信息技术(Information Technology,IT),是主要用于管理和处理信息所采用的各种技术的总称。它主要是应用计算机科学和通信技术来设计、开发、安装和实施信息系统及应用软件。它也常被称为信息和通信技术(Information and Communications Technology,ICT)。主要包括传感技术、计算机技术和通信技术。

3. 计算机的发展经历了哪几个阶段?各阶段的主要特征是什么?

电子计算机的诞生(1946~1958 年),计算机就开始了由机械向电子时代的过渡,电子越来越成为计算机的主体,机械越来越成为从属,二者的地位发生了变化,计算机也开始了质的转变。

晶体管计算机的发展(1958~1964 年),计算机用晶体管代替电子管。计算机中存储的程序使得计算机有很好的适应性,可以更有效地用于商业用途。

集成电路计算机(1964~1971 年),计算机采用中小规模的集成电路块代替了晶体管等分立元件,半导体存储器逐步取代了磁芯存储器的主存储器地位,磁盘成了不可缺少的辅助存储器,计算机也进入了产品标准化、模块化、系列化的发展时期,计算机的管理、使用方式也由手工操作完全改变为自动管理,使计算机的使用效率显著提高。

大规模集成电路计算机(1972 年至今),第四代计算机使用大规模和超大规模集成电路,主存储器均采用半导体存储器,主要的外存储器是磁带、磁盘、光盘,微处理器和微型计算机诞生。多媒体技术和网络技术的广泛应用,让计算机深入到社会的各个领域。

4. 按综合性能分类,常见的计算机有哪几类?

可分为巨型机、大型机、小型机、工作站和微型计算机。

5. 简述当代计算机的特点?

运算速度快、计算精度高、有记忆和逻辑判断能力、有自动控制能力、可靠性高。

6. 简述当代计算机的主要应用?

科学计算、数据处理、过程控制、计算机辅助工程、人工智能、计算机网络。

习题 2

一、单项选择题

1. 在计算机内部对信息的加工处理都是以(A)形式进行的。

    A. 二进制码   B. 八进制码   C. 十进制码   D. 十六进制码

2. 计算机内部处理汉字使用的是汉字的(B)。

    A. 区位码   B. 机内码   C. 字形码   D. ASCII 码

3. 计算机处理西文字符使用的是(A)。

    A. ASCII 码   B. 二进制补码   C. 原码   D. 国标码

4. 十进制数 123 的八位二进制补码为(A)。

    A. 01111011   B. 11111011   C. 10000101   D. 00000101

5. 八位二进制补码 01011001 的十进制数为（D）。
    A. -39   B. 39   C. -89   D. 89

6. 在微型计算机的汉字系统中，一个汉字的内码占（B）字节。
    A. 1   B. 2   C. 3   D. 4

7. 下列一组数中最小的数是（D）。
    A. $(2B)_{16}$ B. $(44)_{10}$ C. $(52)_8$ D. $(101001)_2$

8. 八位无符号二进制数能表示的最大的十进制整数是（B）。
    A. 127   B. 255   C. 256   D. 128

9. 十六进制 FFFF 表示一个十六位有符号的十进制数的值为（C）。
    A. 65535   B. 32767   C. -1   D. -65535

10. 下列说法正确的是（B）。
    A. 所有十进制小数在计算机内都能精确存放
    B. 对于正整数，其原码、补码和反码都相同
    C. 浮点数是以补码的形式在计算机里存放
    D. 输入码是汉字的内码

11. 在下面不同进制的 4 个数中，有 1 个数与其他 3 个数的值不等，它是（C）。
    A. 5EH   B. 136O   C. 1011101B   D. 94D

12. 微机中 1KB 表示的二进制位数是（D）。
    A. 1 000   B. 8×1 000   C. 1 024   D. 8×1 024

13. 计算机存储器中的一个字节可以存放（C）。
    A. 一个汉字   B. 两个汉字   C. 一个西文字符   D. 两个西文字符

14. 一个字节包含（A）个二进制位。
    A. 8   B. 16   C. 32   D. 64

二、填空题

1. 二进制数（0.101）B 转化为十进制、十六进制数应为 0.625D、0.AH。

2. 大写字母 A 的 ASCII 码是 41H，则小写字母 a 的 ASCII 码是 61H。

3. 标准 ASCII 码占有 8 位，表示了 255 个不同的字符，在计算机中用 127 个字节表示，其二进制最高位是 0。

4. 28.125D 转化为二进制数为 11100.001B，转化为八进制数为 34.1O，转化为十六进制数是 1C.2H。

5. 正数 01111010 的补码是 7AH（十六进制表示）；十进制数–17 的补码是 EFH（十六进制表示），反码是 EEH。

6. 将下列数据按所示的进制转换（负数用 8 位二进制补码表示）。
$(127)_{10}=(1111111)_2=(7F)_{16}$
$(FD)_{16}=(11111101)_2=(375)_8$
$(-3)_{10}=(11111101)_2=(FD)_{16}$
$(0.125)_{10}=(0.001)_2$
字符'A'在计算机内的 ASCII 编码为：$(01000001)_2$

三、思考题

1. 在通常情况下，计算机要存储一个汉字需要多少个字节？

2 个字节。

2．计算机内部的信息为什么要采用二进制编码？

（1）在物理电路上易于实现。因为要制造两种稳定状态的物理电路是很容易实现的，如电压的高低状态，电流的有无，门电路的导通与截止等，而要制造十种稳定状态的物理电路是非常困难的。

（2）二进制运算简单。数学推导证明，对 R 进制的算术求和、求积规则有 R（R+1）/2 种，如果采用十进制，就有 55 种求和与求积的运算规则；而二进制仅有 3 种，因而简化了运算器等物理硬件的设计。

（3）机器可靠性高，由于电压的高低，电流的有无都是一种质的变化，两种状态分明，所以信号抗干扰能力强，鉴别信息的可靠性高。

（4）通用性强。二进制编码不仅可以表示数值信息，由于它是一种人为表示信息的方式，我们还可以用不同的 0 和 1 的组合来表示英文字母、汉字、色彩和声音等各种信息。

3．"D"、"d"、"3" 和空格的 ASCII 码值？

"D" ——68，"d" ——100，"3" ——51，空格——32

习题 3

一、单项选择题

1．构成计算机的电子和机械的物理实体称为（D）。

    A．主机   B．外部设备   C．计算机系统   D．计算机硬件系统

2．在下列存储器中，存取速度最快的是（A）。

    A．高速缓存   B．光盘   C．硬盘   D．内存

3．在下列存储器中，存取速度最慢的是（B）。

    A．U 盘   B．光盘   C．硬盘   D．内存

4．ROM 的意思是（C）。

    A．软盘存储器   B．硬盘存储器   C．只读存储器   D．随机存储器

5．现今世界无论哪个型号的计算机的工作原理都是（D）原理。

    A．程序设计   B．程序运行

    C．存储程序   D．存储程序、程序控制

6．下面（C）组设备包括输入设备、输出设备和存储设备。

    A．显示器、CPU 和 ROM   B．磁盘、鼠标和键盘

    C．鼠标、绘图仪和光盘   D．磁带、打印机和调制解调器

7．以下计算机语言中，（B）属于低级语言。

    A．C 语言   B．汇编语言   C．BASIC 语言   D．JAVA 语言

8．CPU 每执行一个（B），就完成一步基本运算或判断。

    A．软件   B．指令   C．硬件   D．语句

9．在下列软件中，属于应用软件的是（B）。

    A．UNIX   B．WPS   C．Windows 2000   D．DOS

10. 一个完整的计算机系统是由（C）组成的。
    A. 软件　　　　　　　　　　　　B. 主机
    C. 硬件和软件　　　　　　　　　D. 系统软件和应用软件

11. 微型计算机通常是由（B）等几部分组成的。
    A. 运算器、控制器、存储器和输入/输出设备
    B. 运算器、外部存储器、控制器和输入/输出设备
    C. 电源、控制器、存储器和输入/输出设备
    D. 运算器、放大器、存储器和输入/输出设备

12. 在一般情况下，外存储器中存放的数据，在断电后（A）失去。
    A. 不会　　　　　B. 完全　　　　　C. 少量　　　　　D. 多数

13. 硬盘工作时应特别注意避免（B）。
    A. 噪音　　　　　B. 震动　　　　　C. 潮湿　　　　　D. 日光

14. PC 机的更新主要基于（B）的变革。
    A. 软件　　　　　B. 微处理器　　　C. 存储器　　　　D. 磁盘容量

15. CD-ROM 是一种（D）的外存储器
    A. 可以读出，也可以写入　　　　B. 只能写入
    C. 易失性　　　　　　　　　　　D. 只能读出，不能写入

16. 某公司的工资管理程序属于（A）。
    A. 应用软件　　　B. 系统软件　　　C. 工具软件　　　D. 字表处理软件

17. 在 PC 机上通过键盘输入一段文章时，该段文章首先存放在主机的（A）中，如果希望将这段文章长期保存，应以（A）形式存储于（A）中。
    A. 内存、文件、外存　　　　　　B. 外存、数据、内存
    C. 内存、字符、外存　　　　　　D. 键盘、文字、打印机

18. 现代计算机之所以能自动地连续进行数据处理，主要因为（C）。
    A. 采用了开关电路　　　　　　　B. 采用了半导体器件
    C. 具有存储程序的功能　　　　　D. 采用了二进制

19. 在微型计算机中，常见到的 EGA、VGA 等是指（B）。
    A. 微机型号　　　　　　　　　　B. 显示器适配卡类型
    C. CPU 类型　　　　　　　　　　D. 键盘类型

20. 硬盘的容量越来越大，常以 GB 为单位，已知 1 GB = 1 024 MB，则 1 GB 等于（D）B。
    A. $1\,024 \times 1\,024 \times 8$　　　　　　B. $1\,024 \times 1\,024$
    C. $1\,024 \times 1\,024 \times 1\,024 \times 8$　　D. $1\,024 \times 1\,024 \times 1\,024$

21. 计算机存储器中的一个字节可以存放（C）。
    A. 一个汉字　　　B. 两个汉字　　　C. 一个西文字符　D. 两个西文字符

22. 在下列设备中，既是输入设备又是输出设备的是（B）。
    A. 显示器　　　　B. 磁盘驱动器　　C. 键盘　　　　　D. 打印机

23. 计算机语言的发展经历了（D）几个阶段。
    A. 高级语言　汇编语　机器语言　　B. 高级语言　机器语言　汇编语言
    C. 机器语言　高级语言　汇编语言　D. 机器语言　汇编语言　高级语言

24. 磁盘存储器存、取信息的最基本单位是（A）。

　　A. 字节　　　　　　B. 字长　　　　　C. 扇区　　　　　D. 磁道

25. 关于随机存储器（RAM）功能的叙述，（D）是正确的。

　　A. 只能读，不能写　　　　　　B. 断电后信息不消失

　　C. 读写速度比硬盘慢　　　　　D. 能直接与 CPU 交换信息

26. 计算机的内存通常是指（D）。

　　A. ROM　　　　　　　　　　B. RAM

　　C. 硬盘　　　　　　　　　　D. ROM 加 RAM

27. "32 位微型计算机"中的 32 是指（D）。

　　A. 微机型号　　　　　　　　B. 内存容量

　　C. 存储单位　　　　　　　　D. 机器字长

二、判断题

1. CPU 是计算机的心脏，它只由运算器和控制器组成。　　　　　　　　（√）

2. 存储器分为内存储器、外存储器和高速缓存。　　　　　　　　　　　（√）

3. 内存可以分为 ROM 和 RAM 两种。　　　　　　　　　　　　　　　（√）

4. 针式打印机非常适用于会计工作中的票据打印，而激光、喷墨打印机更多用于正式财务会计报告的打印。　　　　　　　　　　　　　　　　　　　　　　　　　（√）

5. 外存中的数据可以直接进入 CPU 被处理。　　　　　　　　　　　　（×）

6. 硬盘通常安装在主机箱内，因此，硬盘属于内存。　　　　　　　　　（×）

7. 突然断电，RAM 中保存的信息全部丢失，ROM 中保存的信息不受影响。（√）

8. ASCII 码是计算机内部唯一使用的统一字符编码。　　　　　　　　　（×）

9. 操作系统是用户与计算机之间的接口。　　　　　　　　　　　　　　（√）

10. 所有微机上都可以使用的软件称为应用软件。　　　　　　　　　　（×）

11. 在计算机中，表示信息的最小单位是位（bit）。　　　　　　　　　（√）

12. 一台计算机只有在安装了操作系统后才能使用。　　　　　　　　　（√）

13. 内存越大，机器性能越好，内存速度应与主板、总线速度匹配。　　（√）

14. 常见的外存储器分为磁介质和光介质两类，包括软盘、硬盘、光盘等。（√）

15. 微机中的系统主板就是 CPU。　　　　　　　　　　　　　　　　　（×）

16. 字节是计算机的存储容量单位，而字长则是计算机的一种性能指标。（√）

17. 主存储器容量通常都以 1 024 字节为单位来表示，并以 k 来表示 1 024。（×）

18. "即插即用"的 USB 接口成为新的外设和移动外存的接口标准之一。（√）

19. 激光打印机是击打式打印机。　　　　　　　　　　　　　　　　　（×）

20. 指令在计算机内部是以二进制形式存储的，而数据是以十进制形式存储的。（×）

三、简答题

1. 简述计算机系统的构成。

完整的计算机系统由硬件系统和软件系统组成，硬件指计算机中各种看得见、摸得着的实实在在的装置，是计算机系统的物质基础，也称物理设备，可以是电子的、电磁的、机电的、光学的元件或由它们所组成的计算机部件。软件指在硬件上运行的程序及相关的数据、文档，是发挥硬件功能的关键。

2．什么是计算机软件？软件如何分类？

软件是计算机程序、方法、规范及其相应的文档以及在计算机运行时所需的数据。软件是相对计算机硬件而言的。

按照软件的作用及其在计算机系统中地位，软件分为系统软件和应用软件。

系统软件是指那些参与构成计算机系统，扩展计算机硬件功能，控制计算机的运行，管理计算机的软、硬件资源，为应用软件提供支持和服务，方便用户使用计算机系统。应用软件是程序设计员针对用户的具体问题所开发的专用软件的统称。常见的应用软件有办公自动化软件、管理信息系统等。由于计算机的通用性和应用的广泛性，应用软件比系统软件更丰富多样，一些大型应用软件在有关部门中起着关键性作用，价格非常昂贵。

3．微机的基本结构由哪几部分构成？主机主要包括哪些部件？

微机的硬件系统由主机和外部设备构成。其中，主机指微机除去输入/输出设备以外的主要机体部分，包括主板、CPU 和内存。外部设备指连在计算机主机以外的设备，一般分为输入设备、输出设备、外存储器和网络设备。

4．微机的发展方向是什么？

体积小、价格低、可靠性强、操作简单。

5．系统主板主要包括了哪些部件？

主板是主机箱中最大的一块电路板，微机的整体运行速度和稳定性在相当程度上取决于主板的性能。一般有 BIOS 芯片、I/O 控制芯片、CPU 和内存插槽、各种外部设备的接口或插槽。

6．衡量微机性能的主要技术指标有哪些？

①CPU 主频；②CPU 外频和倍频；③CPU 字长；④CPU 位宽；⑤X 位 CPU；⑥高速缓冲存储器容量；⑦核心数；⑧制造工艺。

7．微机的内部存储器按其功能特征可分为几类？各有什么区别？

一般内存分为三类：随机存取存储器（Random Access Memory，RAM）、只读存储器（Read Only Memory，ROM）、高速缓冲存储器（Cache）。

RAM（Dynamic RAM，DRAM）作为主存，其特点是数据信息以电荷形式保存在小电容中。由于电容的放电回路存在，超过一定时间后，存放在容器内的电荷会消失，因此必须周期性刷新小电容来保持数据。DRAM 功耗低、集成度高、成本低。

ROM 芯片在制造过程中，将 BIOS 烧录于线路中，一旦存入，不能更改，断电状态下也能读取。

Cache 一般采用静态随机存取存储器（SRAM）构成，它的访问速度是 DRAM 的 10 倍左右，但是价格昂贵、存储密度更低。

8．外部存储器上的数据怎样被 CPU 处理？能否被 CPU 直接处理？

外部存储器数据先被读入到内存，再被 CPU 处理。不能直接处理。

9．高速缓冲存储器的作用是什么？

内存的存取速度严重滞后于处理器的计算速度，内存瓶颈导致高性能处理器难以发挥出应有的功效。高速缓冲存储器（Cache）是缓解"内存墙"的方法之一。其工作原理为：程序执行时对存储器的访问倾向于局部性，即 CPU 处理了某一地址上的数据后，接下来要读取的数据很可能就在后继的地址或邻近的地址上。于是可把这段代码一次性地从内存复制到 Cache 中。CPU 要访问内存中的数据，先在 Cache 中查找，如果 Cache 中没有 CPU 所需的数据时（称为命中），CPU 直接从 Cache 中读取，如果没有，再从内存中读取数据，并把与该数据相关的一部分内容复制到 Cache，为下一次访问做好准备。

10. 常用的外存储器有哪些？各有什么特点？

常用的外存储器有软盘、硬盘、光盘、Flash 存储设备等。

11. 什么是总线？按总线传输的信息特征可将总线分为哪几类？总线的标准有哪些？

任何一个微处理器都要与一定数量的部件和外围设备连接，为了简化硬件电路设计、简化系统结构，常常使用一组线路，配置以适当的接口电路，与各部件和外围设备连接，这组共用的连接线路被称为总线（BUS）。

微机中的总线按所传输的信息不同分为数据总线（DB，Data Bus）、地址总线（Address Bus，AB）、控制总线（Control Bus，CB）三类。

总线标准主要包括 AGP（Accelerated Graphics Port，AGP）总线和 PCI（Peripheral Component Interconnect，PCI）总线。

12. 什么是接口？计算机上常见的接口有哪些？

CPU 与外部设备、存储器的连接和数据交换都需要通过接口设备来实现，前者被称为 Input/Output 接口（简称 I/O 接口），而后者则被称为存储器接口。

PS/2 接口、USB 接口、视频输出接口、音频输出接口。

习题 4

一、单项选择题

1. 对计算机进行程序控制的最小单位是（C）。
    A. 语句　　　　　　　　　　　B. 字节
    C. 指令　　　　　　　　　　　D. 程序
2. 为解决某一特定问题而设计的指令序列称为（C）。
    A. 文档　　　　　　　　　　　B. 语言
    C. 程序　　　　　　　　　　　D. 系统
3. 结构化程序设计中的 3 种基本控制结构是（B）。
    A. 选择结构、循环结构和嵌套结构
    B. 顺序结构、选择结构和循环结构
    C. 选择结构、循环结构和模块结构
    D. 顺序结构、递归结构和循环结构
4. 编制一个好的程序首先要确保它的正确性和可靠性，除此以外，通常更注重源程序的（C）。
    A. 易使用性、易维护性和效率
    B. 易使用性、易维护性和易移植性
    C. 易理解性、易测试性和易修改性
    D. 易理解性、安全性和效率
5. 编制好的程序时，应强调良好的编程风格，如选择标识符的名字时应考虑（C）。
    A. 名字长度越短越好，以减少源程序的输入量
    B. 多个变量共用一个名字，以减少变量名的数目
    C. 选择含义明确的名字，以正确提示所代表的实体
    D. 尽量用关键字作名字，以使名字标准化

6. 与高级语言相比，用低级语言（如机器语言等）开发的程序，其结果是（ C ）。

    A. 运行效率低，开发效率低

    B. 运行效率低，开发效率高

    C. 运行效率高，开发效率低

    D. 运行效率高，开发效率高

7. 程序设计语言的语言处理程序是一种（ A ）。

    A. 系统软件　　　　　　　　　　B. 应用软件

    C. 办公软件　　　　　　　　　　D. 工具软件

8. 计算机只能直接运行（ C ）。

    A. 高级语言源程序　　　　　　　B. 汇编语言源程序

    C. 机器语言程序　　　　　　　　D. 任何源程序

9. 将高级语言的源程序转换成可在机器上独立运行的程序的过程称为（ B ）。

    A. 解释　　　　　　　　　　　　B. 编译

    C. 连接　　　　　　　　　　　　D. 汇编

10. 下列各种高级语言中，（ C ）是面向对象的程序设计语言。

    A. BASIC　　　　　　　　　　　B. PASCAL

    C. C++　　　　　　　　　　　　D. C

二、简答题

1. 什么是程序？什么是程序设计？程序设计包含哪几个方面？

程序是为了解决某一特定问题而用某种计算机程序设计语言编写出的代码序列。为了使计算机达到预期目的，就要先得到解决问题的步骤，并依据对该步骤的数学描述编写计算机能够接收和执行的指令序列——程序，然后运行程序得到所要的结果，这就是程序设计。学习程序设计，主要是进一步了解计算机的工作原理和工作过程。例如，知道数据是怎样存储和输入/输出的，知道如何解决含有逻辑判断和循环的复杂问题，知道图形是用什么方法画出来以及怎样画出来的等。这样在使用计算机时，不但知其然而且还知其所以然，能够更好地理解计算机的工作流程和程序的运行状况，为以后维护或修改应用程序以适应新的需要打下了良好的基础。

针对问题所涉及的对象和要完成的处理，设计合理的数据结构可以有效地简化算法，数据结构和算法是程序设计最主要的两个方面。

2. 在程序设计中应该注意哪些基本原则？

结构化程序设计方法的主要原则可以概括为"自顶向下，逐步求精，模块化和限制使用 Go To 语句"。

（1）自顶向下。程序设计时，应先考虑总体，后考虑细节；先考虑全局目标，后考虑局部目标。即首先把一个复杂的大问题分解为若干相对独立的小问题。如果小问题仍较复杂，则可以把这些小问题又继续分解成若干子问题，这样不断地分解，使得小问题或子问题简单到能够直接用程序的 3 种基本结构表达为止。

（2）逐步求精。对复杂问题，应设计一些子目标作过渡，逐步细化。

（3）模块化。一个复杂问题，肯定是由若干个简单的问题构成的。模块化就是把程序要解决的总目标分解为子目标，再进一步分解为具体的小目标。把每一个小目标叫作一个模块。对应每一个小问题或子问题编写出一个功能上相对独立的程序块来，最后再统一组装，这样，对一个复杂问题的解决就变成了对若干个简单问题的求解。

（4）限制使用 Go To 语句。Go To 语句是有害的，程序的质量与 Go To 语句的数量成反比，应该在所有的高级程序设计语言中限制 Go To 语句的使用。

3. 什么是面向对象程序设计中的"对象"、"类"？

对象是指具有某些特性的具体事物的抽象。在一个面向对象的系统中，对象是运行期的基本实体。类是用户定义的数据类型。一个具体对象称为类的"实例"。

4. 什么是算法？它在程序设计中的地位怎样？

计算机算法就是计算机解决问题的方法。算法是程序的灵魂。为了有效地进行解题，不仅需要保证算法正确，还要考虑算法的质量，选择合适的算法。

5. 程序的基本控制结构有几个？分别是什么？

有 3 个。顺序结构、选择结构、循环结构。

6. 机器语言、汇编语言、高级语言有什么不同？

（1）机器语言

在计算机诞生之初，人们直接用二进制形式编写程序，这种二进制形式的语言就叫作机器语言。这种语言是所有语言中唯一能被计算机直接理解和执行的。机器指令由操作码和操作数组成，其具体的表现形式和功能与计算机系统的结构相关联。机器语言就是直接用这种机器指令的集合作为程序设计手段的语言，其优点是计算机能够直接识别，执行效率高。

机器语言与计算机硬件关系密切。由于机器语言是计算机硬件唯一可以直接识别和执行的语言，因而机器语言执行速度最快。同时使用机器语言又是十分痛苦的。因为组成机器语言的符号全部都是"0"和"1"，所以在使用时特别繁琐、费时，特别是在程序有错需要修改时，更是如此。而且，由于每台计算机的指令系统往往各不相同，所以，在一台计算机上执行的程序，要想在另一台计算机上执行，必须另编程序，造成了工作的重复。

（2）汇编语言

由于二进制程序看起来不直观，而且很难读懂，又谓之"天书"。于是人们便产生了用符号来代替二进制指令的思想，设计出了汇编语言。汇编语言是比较低级的语言，它的实质大致和机器语言相同，都是直接对硬件操作，只不过指令采用了英文缩写的标识符，更容易识别和记忆。汇编程序的每一句指令只能对应实际操作过程中的一个很细微的动作，一般汇编源程序比较冗长、复杂、容易出错，同时不同种类的计算机又有不同类别的机器语言，因此，用汇编语言编写的汇编语言程序缺乏通用性和可移植性。而且使用汇编语言编程需要有更多的计算机专业知识，但是用汇编语言所能完成的操作不是一般高级语言所能实现的，而且源程序经汇编生成的可执行文件不仅比较小，而且执行速度也很快。许多系统软件的核心部分仍采用汇编语言编制。

（3）高级语言

对美好事物永无止境的追求是人类的特性。为了减轻编程的复杂性，使人们阅读和编写程序更加简单，人们又设计出了高级语言。高级语言是目前绝大多数编程者的选择。高级语言主要是相对于汇编语言而言，和汇编语言相比，它不但将许多相关的机器指令合成为单条的语句，而且将一些常用的功能作为函数由用户调用，并且去掉了与具体操作有关但与完成工作无关的细节。由于省略了很多细节，编程者也就不需要有太多的专业知识，而且用高级语言编写的程序更加简单易读，易懂。

7. 简述计算机运行高级语言源程序的步骤？

编辑、编译、链接、运行。

三、设计以下算法

1. 将三个数 a,b,c 按从大到小的顺序排列。

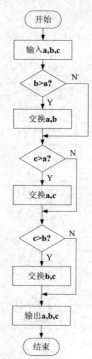

2. 不使用中间变量将两个变量的值进行交换。

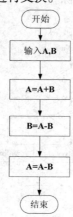

3. 将 1～100 内的偶数打印出来。

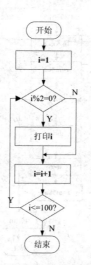

4. 输入 10 个整数,求其中最大者。

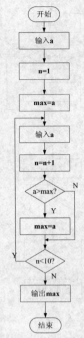

5. 判断一个数 n 能否同时被 3 和 5 整除。

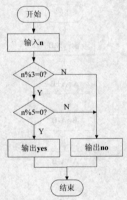

6. 求两个数 m 和 n 的最大公约数。

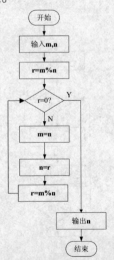

7. 判断一个数是否为素数。

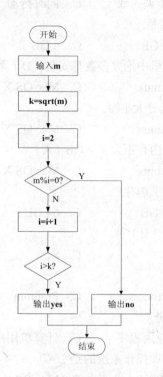

习题 5

一、单项选择题

1. 在桌面计算机市场上，目前占主导地位的操作系统是（B）。
   A. Android　　　　B. Windows　　　　C. Mac OS X　　　　D. GNU/Linux
2. 在移动平台操作系统中，目前最为流行的是（A）。
   A. Android　　　　B. Windows　　　　C. iOS　　　　D. GNU/Linux
3. 下列操作系统中对时间要求最为苛刻的是（A）。
   A. 实时系统　　　　B. 批处理系统　　　C. 分时系统　　　　D. 分布式系统
4. Windows 系统起源于（B）。
   A. UNIX 系统　　　B. DOS 系统　　　C. BSD 系统　　　　D. Linux 系统
5. Android 系统是（C）的一个分支系统。
   A. Windows　　　　B. Mac OS X　　　C. Linux　　　　　D. UNIX
6. 计算机病毒主要侵害（A）系统。
   A. Windows　　　　B. Mac OS X　　　C. Linux　　　　　D. Android
7. 下列几类进程中优先级最高的通常是（C）。
   A. 批处理进程　　　B. 人机互动进程　　C. 实时进程　　　　D. 其他
8. 进程间通信的方式有（A）。
   A. 共享内存　　　　B. 共享硬盘　　　C. 共享 CPU　　　　D. 共享一切硬件
9. 进程间同步是指多个进程在系统中（D）。

A. 和谐相处　　　　B. 步调一致　　　　C. 同时行动　　　　D. 共用资源

10. 32 位操作系统的虚拟内存是（C）。

A. 1 GB　　　　　　B. 2 GB　　　　　　C. 4 GB　　　　　　D. 8 GB

11. 在世界上 500 强超级计算机中绝大多数都安装（D）系统。

A. Windows　　　　B. Linux　　　　　　C. Mac OS X　　　　D. UNIX

12. 给文件命名时，（A）不区分大小写。

A. Windows　　　　B. Linux　　　　　　C. Mac OS X　　　　D. UNIX

13. 下列哪个操作系统支持的内存不大于 4 GB（A）？

A. Windows XP　　B. Linux　　　　　　C. Mac OS X　　　　D. UNIX

14. 64 位系统最多可支持（D）内存。

A. 4 GB　　　　　　B. 8 GB　　　　　　C. 64 GB　　　　　D. 更多

15. 常用的进程间通信方式有（B）种。

A. 2　　　　　　　　B. 4　　　　　　　　C. 8　　　　　　　　D. 更多

16. 进程的英文是（A）。

A. Process　　　　B. Processor　　　　C. Program　　　　D. Software

17. 操作系统为（B）提供服务。

A. 计算机硬件　　　B. 应用程序　　　　C. 计算机用户　　　D. 计算机管理员

18. 下列操作系统中，属于开源操作系统的是（A）。

A. GNU/Linux　　　B. Windows　　　　C. Mac OS X　　　　D. UNIX

19. 开源操作系统是（A）。

A. 完全免费的　　　　　　　　　　　　B. 需要花少量的钱购买

C. 很贵　　　　　　　　　　　　　　　D. 比 Windows 贵

20. UNIX 操作系统诞生于 20 世纪（A）。

A. 60 年代末　　　B. 70 年代末　　　　C. 80 年代末　　　D. 90 年代末

二、判断题

1. Android 系统是一个 Linux 的分支系统。　　　　　　　　　　　　　　　　　（ √ ）

2. Windows 系统是免费的。　　　　　　　　　　　　　　　　　　　　　　　（ × ）

3. GNU/Linux 系统是免费的。　　　　　　　　　　　　　　　　　　　　　　（ √ ）

4. Android 系统是免费的。　　　　　　　　　　　　　　　　　　　　　　　　（ × ）

5. 设备驱动程序是操作系统的一部分。　　　　　　　　　　　　　　　　　　　（ √ ）

6. 配备了多个 CPU 的计算机才能运行多任务系统。　　　　　　　　　　　　　（ × ）

7. C 语言是为 UNIX 系统而诞生的。　　　　　　　　　　　　　　　　　　　　（ × ）

8. 分布式系统离不开网络。　　　　　　　　　　　　　　　　　　　　　　　　（ √ ）

9. 云计算系统离不开网络。　　　　　　　　　　　　　　　　　　　　　　　　（ √ ）

10. 进程是一个运行着的程序。　　　　　　　　　　　　　　　　　　　　　　（ √ ）

11. 现代操作系统的工作是围绕着中断来进行的。　　　　　　　　　　　　　　（ √ ）

12. 内存分页管理可以提高内存的利用率。　　　　　　　　　　　　　　　　　（ √ ）

13. 在 UNIX 系统中，所有东西都是文件。　　　　　　　　　　　　　　　　　（ √ ）

14. 文件是计算机中数据存放的最小单位。　　　　　　　　　　　　　　　　　（ × ）

15. 程序必须首先被加载到内存中，然后才能运行。　　　　　　　　　　　　　（ √ ）

16. 软件中断都是由程序指令触发的中断。　　　　　　　　　　　　（ √ ）
17. 我们在键盘上每按下一个键，就会触发一次硬件中断。　　　　　（ × ）
18. 针对同样的硬件设备，不同的操作系统所提供的驱动程序是不同的。（ √ ）
19. 操作系统是介于系统硬件和应用程序之间的一层软件。　　　　　（ √ ）
20. 计算机的使用者只使用应用程序，并不直接使用操作系统。　　　（ × ）

习题 6

一、单项选择题

1. 狭义的数据库系统可由（A）和数据库管理系统两个部分构成。
   A. 数据库　　　　B. 用户　　　　C. 应用系统　　　D. 数据库管理员
2. 数据库系统的三级模式结构是外模式、（A）和内模式。
   A. 概念模式　　　B. 模式　　　　C. 逻辑模式　　　D. 关系模式
3. 数据库设计按 6 个阶段进行，可分为需求分析、（A）、逻辑设计、物理设计、数据库实施、数据库运行维护阶段。
   A. 概念设计　　　B. 数据分析　　C. 结构分析　　　D. 结构建立
4. 二元实体之间的联系可分为一对一的联系、（A）的联系、多对多的联系 3 种。
   A. 一对多　　　　B. 一对二　　　C. 二对多　　　　D. 一对三
5. 关系模型的完整性规则是用来约束关系的，以保证数据库中数据的正确性和一致性。关系模型的完整性共有 3 类：（C）、参照完整性和用户定义的完整性。
   A. 主键约束　　　B. 外键约束　　C. 实体完整性　　D. CHECK 约束
6. 在图书借阅关系中，图书和读者的关系是（B）。
   A. 一对多　　　　B. 多对多　　　C. 一对一　　　　D. 一对二
7. 用二维表结构来表示实体及实体之间联系的模型称为（C）。
   A. 层次模型　　　B. 网状模型　　C. 关系模型　　　D. 对象模型
8. 数据操纵语言用于改变数据库数据。主要有 3 条语句：INSERT、UPDATE、（A）。
   A. DELETE　　　　B. GRANT　　　C. CREATE　　　　D. REVOKE
9. 在 SQL Server 中，以下标识符正确的是（A）。
   A. InsertA　　　　B. Delete　　　C. 6SQL　　　　　D. &sever
10. 专门的关系运算包括选择、（D）、联系 3 类。
    A. 并　　　　　　B. 交　　　　　C. 差　　　　　　D. 投影
11. 在以下 SQL 语句中，查询所有姓 "李" 的学生的信息的 SQL 语句是（C）。
    A. SELECT * FROM StudInfo WHERE StudName='李'
    B. SELECT * FROM StudInfo WHERE StudName like '李_'
    C. SELECT * FROM StudInfo WHERE StudName like '李%'
    D. SELECT * FROM StudInfo WHERE StudName like '%李'
12. 在以下 SQL 语句中，查询成绩在 90 分以上的学生的信息的 SQL 语句是（A）。
    A. SELECT * FROM StudScoreInfo WHERE StudScore >=90
    B. SELECT * FROM StudScoreInfo HAVING StudScore > =90

C. SELECT * FROM StudScoreInfo HAVING StudScore≥90

D. SELECT * FROM StudScoreInfo WHERE StudScore≥90

13. 在以下 SQL 语句中，查询学生成绩在 60～70 分之间的所有记录的 SQL 语句是（D）。

A. SELECT * FROM StudScoreInfo WHERE StudScore≥60 AND StudScore≤70

B. SELECT * FROM StudScoreInfo WHERE StudScore >=60 OR StudScore < =70

C. SELECT * FROM StudScoreInfo WHERE BETWEEN StudScore > =60 AND StudScore < =70

D. SELECT * FROM StudScoreInfo WHERE StudScore >=60 AND StudScore <=70

14. SQL 语句中用于排序的关键字是（A）。

A. ORDER BY   B. GROUP BY   C. WHERE   D. CREATE

15. 以下不是数据库管理系统的是（A）。

A. Windows   B. SQL Server   C. DB2   D. Oracle

16. 专门的关系运算不包括（A）。

A. 查询   B. 投影   C. 选择   D. 连接

17. 以下函数能够实现求和功能的是（A）。

A. SUM   B. AVG   C. COUNT   D. MAX

18. 在以下 SQL 语句中，查询学生信息表（StudInfo）中前 10 条记录的 SQL 语句是（D）。

A. SELECT * FROM StudInfo WHERE TOP <=10

B. SELECT 10 * TOP FROM StudInfo

C. SELECT 10 TOP * FROM StudInfo

D. SELECT TOP 10 * FROM StudInfo

19. 以下函数能够实现计数功能的是（D）。

A. SUM   B. AVG   C. MAX   D. COUNT

20. 要向表中插入一条记录应该使用的 SQL 语句是（D）。

A. CREATE   B. DELETE   C. UPDATE   D. INSERT

二、判断题

1. 用二维表结构来表示实体及实体之间联系的模型称为"关系模型"。（√）
2. 实体是表示一类客观现实或抽象事物的一种特征或性质。（×）
3. 数据库管理系统是一种负责数据库的定义、建立、操作、管理和维护的系统管理软件。（√）
4. 主键是能唯一标识关系中的不同元组的属性或属性组。（√）
5. 在关系数据库中，不同的列允许出自同一个域。（√）
6. 在关系运算中，投影运算是从列的角度进行的运算，相当于对关系进行垂直分解。（√）
7. 在关系运算中，选择运算是从列的角度进行的运算。（×）
8. 在 SQL Server 中，标识符不能有空格符或特殊字符"_"、"#"、"@"、"$"以外的字符。（√）
9. 在关系模型中，父亲与孩子的关系是一对多的关系。（√）
10. 在 SQL 语句中，Primary Key 用来表示外键。（×）
11. DELETE 语句可以删除表中的记录。（√）

12. 在关系模型中,行称为"属性"。 (×)

13. 在关系模型中,列称为"元组"。 (×)

14. 在关系模型中,"表名+表结构"就是关系模式。 (×)

15. E-R 图中椭圆表示的是实体。 (√)

16. E-R 图中菱形表示的是关系。 (√)

17. 在 SQL Server 数据库中,master 数据库用于记录 SQL Server 系统的所有系统级别信息。 (√)

18. DBS 表示的是数据库管理系统。 (×)

19. 在 SQL 语句中,可以用 INTO 子句将查询的结果集创建为一个新的数据表。 (√)

20. 实体是具有相同属性或特征的客观现实和抽象事物的集合。 (×)

三、填空题

1. 狭义的数据库系统可由数据库和数据库管理系统两个部分构成。

2. 数据库系统的三级模式结构是外模式、概念模式和内模式。

3. 数据库设计按 6 个阶段进行,可分为需求分析、概念设计、逻辑设计、物理设计、数据库实施、数据库运行维护阶段。

4. 实体之间的联系可分为一对一的联系、一对多的联系、多对多的联系 3 种。

5. 关系模型的完整性规则是用来约束关系的,以保证数据库中数据的正确性和一致性。关系模型的完整性共有 3 类:实体完整性、参照完整性和用户定义的完整性。

四、综合题

下面是某个学校的学生成绩管理系统的部分数据库设计文档,按要求完成下面各题。

1. 学生信息表（StudInfo）

字段名称	数据类型	字段长度	是否为空	PK	约束	字段描述	举例
StudNo	Varchar	15		Y		学生学号	99070470
StudName	Varchar	20				学生姓名	李明
StudSex	Char	2			'男','女'	学生性别	男
StudBirthDay	DateTime		Y			出生年月	1980-10-03
ClassName	Varchar	50				班级名称	Computer

2. 课程信息表（CourseInfo）

字段名称	数据类型	字段长度	是否为空	PK	字段描述	举例
CourseID	Varchar	10		Y	课程编号	A0101
CourseName	Varchar	50			课程名称	SQL Server
CourseDesc	Varchar	100	Y		课程描述	SQL Server

3. 学生成绩表（StudScoreInfo）

字段名称	数据类型	字段长度	是否为空	PK	约束	字段描述	举例
StudNo	Varchar	15		Y		学生学号	99070470
CourseID	Varchar	10		Y		课程编号	A0101
StudScore	Numeric	4,1			0~100	学生成绩	80.5

注:一个学生可选修多门课,同一门课可由多个学生选修。

题目：

1. 写出创建以上各表的 SQL 语句。

CREATE TABLE StudInfo（StudNo Varchar（15），StudName Varchar（20），StudSex CHAR（2），StudBirthDay DateTime，ClassName Varchar（50））；

CREATE TABLE CourseInfo（CourseID Varchar（10），CourseName Varchar（50），CourseDesc Varchar（100））；

CREATE TABLE StudScoreInfo（StudNo Varchar（15），CourseID Varchar（10），StudScore Numeric（4,1））；

2. 画出以上各表间的 E-R 图。

3. 分别写出在以上各表中插入一条记录（示例中的数据）的 SQL 语句。

INSERT INTO STUDINFO VALUES（'1001'，'张三'，'男'，'1989-12-1'，'computer'）；

INSERT INTO CourseInfo VALUES（'99070470'，'SQL Server'，'SQL Server'）；

INSERT INTO StudScoreInfo VALUES（'99070470'，'99070470',80.5）；

4. 写出更新学生成绩表（StudScoreInfo）中学号为"99070470"的学生的相关信息的 SQL 的语句，课程编号为"A0101"，成绩为"85.5"。

update StudScoreInfo set courseID ='A0101',studScore=85.5 where studNo ='99070470';

5. 在课程信息表（CourseInfo）中，写出删除课程编号为"A0101"的记录的 SQL 语句。

Delete from courseinfo where courseID = 'A0101';

6. 在学生成绩表（StudScoreInfo）中，写出将课程编号为"A0101"的课程成绩从高到低排序的 SQL 语句。

Select * from studScofrInfo where courseid = 'A0101'order by studScore ASC;

7. 在学生成绩表（StudScoreInfo）中，写出统计各学生总分的 SQL 语句。

SELECT sum（studscore）FROM StudScoreInfo GROUP BY studNo

8. 写出统计学生平均分大于 80 的 SQL 语句。

SELECT count（*）FROM StudScoreInfo GROUP BY studNo having avg（studscore）>80;

9. 写出将学生信息表中的前 10 条记录插入新表（StudInfoBack）的 SQL 语句。

Insert into studinfoback select top 10 from studinfo;

10. 写出统计各门课程的平均分（AvgScore）、参考人数（CountPerson）、最高分（MaxScore）、最低分（MinScore）的 SQL 语句，统计结果要求包括课程编号、课程名称、平均分、参考人数、最高分、最低分字段。

SELECT avg（studscore）as 平均分,count（*）as 参考人数,max（studscore）as 最高分,min（studscore）as 最低分 FROM StudScoreInfo GROUP BY courseid

五、简答题

1. 什么是数据库？数据库系统由哪些部分组成？

数据库（DataBase，DB）是存储在计算机内、有组织、可共享的数据集合，它将数据按一定的数据模型组织、描述和储存，具有较小的冗余度，较高的数据独立性和易扩展性，可被多个不同的用户共享。一个数据库系统应由计算机硬件、数据库、数据库管理系统、数据库应用系统和数据库管理员 5 部分构成。

2. 请简要说明数据库系统的特点。

（1）采用复杂结构化的数据模型。（2）最低的冗余度。（3）有较高的数据独立性。（4）安全性。（5）完整性。

3．关系模型有什么特点？

关系中每一个字段也称字段，不可再分，是最基本的单位；每一列数据项是同属性的。列数根据需要而设，且各列的顺序是任意的；每一行记录由一个事物的诸多属性组成，记录的顺序可以是任意的；一个关系是一张二维表，不允许有相同的字段名，也不允许有相同的记录行。

4．关键字与主键的区别是什么？

主键可以由多个字段组成，而 unique 只能对一个列起作用，他们都可以保证记录的唯一性。关键字的数据可以不是唯一的，主要是为了检索速度而设立的。

5．典型的新型数据库系统有哪些？

DB2、SQL Server、MySQL。

6．Access 中数据库是由哪些对象组成？请简述它们之间的关系。

数据库包含表、查询、窗体、报表、页、宏、模块七种数据对象。

表（Table）——表是数据库的基本对象，是创建其他 5 种对象的基础。表由记录组成，记录由字段组成，表用来存贮数据库的数据，故又称数据表。

查询（Query）——查询可以按索引快速查找到需要的记录，按要求筛选记录并能连接若干个表的字段组成新表。

窗体（Form）——窗体提供了一种方便的浏览、输入及更改数据的窗口。还可以创建子窗体显示相关联的表的内容。窗体也称表单。

报表（Report）——报表的功能是将数据库中的数据分类汇总，然后打印出来，以便分析。

宏（Macro）——宏相当于 DOS 中的批处理，用来自动执行一系列操作。Access 列出了一些常用的操作供用户选择，使用起来十分方便。

模块（Module）——模块的功能与宏类似，但它定义的操作比宏更精细和复杂，用户可以根据自己的需要编写程序。模块使用 Visual Basic 编程。

页——是一种特殊的直接连接到数据库中数据的一种 Web 页。通过数据访问页将数据发布到 Internet 或 Intranet 上，并可以适用浏览器进行数据的维护和操作。

7．假定一个数据库"教师.mdb"有两个关系，其中一个关系的关系模式为：

Teachers（教师号，姓名，性别，年龄，参工时间，党员，应发工资，扣除工资）

另一个关系的关系模式为：

Students（学号，教师号，成绩）

请写出下列 SQL 命令：

（1）插入一条新记录　　　　300008　杨梦　女　59　1966/04/22　YES　1660　210

Insert into teachers values（300008　'杨梦'　'女'　59　1966/04/22　YES　1660　210）；

（2）删除年龄小于 36 岁且性别为女的所有记录。

Delete form teahcers where 年龄 ＜36 and 性别='女'；

（3）对工龄超过 25 年的教师加 20%的工资。

Update teacher set 应发工资=应发工资*1.2 where now()-参工时间 ＞25；

（4）查询教师的教师号、姓名、实发工资。

Select 教师号,姓名,（应发工资-扣除工资）as 实发工资 from teachers；

（5）查询教师的人数和平均工资。

Select count（*）as 人数 avg（应发工资）as 平均工资 from teachers；

（6）查询 1990 年以前参加工作的所有教师的姓名和实发工资。

Select 教师号,姓名,（应发工资-扣除工资）as 实发工资 from teachers where 参工时间<1990;

（7）查询所有教师的最低实发工资、最高实发工资、平均实发工资。

Select min（应发工资-扣除工资），max（应发工资-扣除工资），avg（应发工资-扣除工资）from teachers;

（8）查询所有党员的姓名、教师号，并且按年龄由大到小排列。

Select 姓名、教师号 from teachers where 党员=yes order by 年龄 asc

（9）查询每个教师的学生人数。

Select count（*）from students group by 教师号

（10）查询每个教师的学生的最低分、最高分和平均成绩。

Select min（成绩），· max（成绩），avg（成绩）from students group by 教师号

（11）查询学号为 03160111 的学生的所有任课教师的姓名、性别。

Select 姓名、性别 from teachers where 教师号 in select 教师号 from students where 学号 ='03160111'

习题 7

一、判断题

1. 电子邮件是 Internet 提供的一项最基本的服务。   （√）
2. TCP 工作在网络层。   （×）
3. 国际顶级域名 net 的意义是商业组织。   （×）
4. 通过电子邮件，可以向世界上任何一个角落的网络用户发送信息。   （×）
5. Mozilla Firefox 软件是 FTP 客户端软件。   （×）
6. 计算机网络按信息交换方式分类有线路交换网络和综合交换网两种。   （×）
7. OSI 参考模型是一种国际标准。   （√）
8. 计算机网络拓扑定义了网络资源在逻辑上或物理上的连接方式。   （√）
9. 在网络中，主机只能是小型机或微机。   （×）
10. 网络防火墙技术是一种用来加强网络之间访问控制，防止外部网络用户以非法手段通过外部网络进入内部网络，访问内部网络资源，保护内部网络操作环境的特殊网络互联设备。

（√）

11. FTP 主要用于完成网络中的统一资源定位。   （×）
12. 建立计算机网络的目的只是为了实现数据通信。   （×）
13. Internet 是全世界最大的计算机网络。   （√）
14. 域名解析主要完成文字 IP 到数字 IP 的转换。   （√）
15. 由于因特网上的 IP 地址是唯一的，因此每个人只能有一个 E-mail 账号。   （×）
16. 在 IP 第 4 个版本中，IP 地址由 32 位二进制数组成。   （√）
17. IPv4 地址由一组 128 位的二进制数字组成。   （×）
18. 路由器用于完成不同网络（网络地址不同）之间的数据交换。   （√）
19. 按信息传输技术划分，计算机网络可分为广播式网络和点到点网络。   （×）
20. 在因特网间传送数据不一定要使用 TCP/IP。   （×）

二、单项选择题

1. Internet 的核心协议是（ A ）。

    A. TCP/IP　　　　　　B. FTP　　　　　　C. DNS　　　　　　D. DHCP

2. 以下网络不是按网络地理覆盖范围划分的是（ D ）。

    A. 局域网　　　　　　B. 城域网　　　　　　C. 广域网　　　　　　D. 广播网

3. IPv4 地址由一组多少位的二进制数字组成？（ B ）

    A. 16　　　　　　　　B. 32　　　　　　　　C. 64　　　　　　　　D. 128

4. 在 Internet 中，用于任意两台计算机之间传输文件的协议是（ C ）。

    A. WWW　　　　　　B. Telnet　　　　　　C. FTP　　　　　　D. SMTP

5. 下列哪个地址是电子邮件地址？（ D ）

    A. WWW.263.NET.CN　　　　　　　　B. http：//www.swfu.edu.cn

    C. 192.168.1.120　　　　　　　　　　D. xuesheng@swfc.edu.cn

6. HTTP 是（ D ）。

    A. 统一资源定位器　　　　　　　　　B. 远程登录协议

    C. 文件传输协议　　　　　　　　　　D. 超文本传输协议

7. 若网络形状是由站点和连接站点的链路组成的一个闭合环，则称这种拓扑结构为（ C ）。

    A. 星型拓扑　　　　B. 总线型拓扑　　　　C. 环型拓扑　　　　D. 树型拓扑

8. TCP 所提供的服务是（ C ）。

    A. 链路层服务　　　B. 网络层服务　　　C. 运输层服务　　　D. 应用层服务

9. IP 所提供的服务是（ B ）。

    A. 链路层服务　　　B. 网络层服务　　　C. 运输层服务　　　D. 应用层服务

10. 在浏览器的地址栏中输入的网址 "http：//www.swfu.edu.cn" 中，"swfu.edu.cn" 是一个（ A ）。

    A. 域名　　　　　　B. 文件　　　　　　C. 邮箱　　　　　　D. 国家

11. 下列 4 项中表示域名的是（ A ）。

    A. www.google.com　　　　　　　　B. jkx@swfu.edu.cn

    C. 202.203.132.5　　　　　　　　　　D. yuming@yahoo.com.cn

12. 下列软件中可以查看 WWW 信息的是（ D ）。

    A. 游戏软件　　　　B. 财务软件　　　　C. 杀毒软件　　　　D. 浏览器软件

13. "student@swfu.edu.cn" 中的 "swfu.edu.cn" 代表（ D ）。

    A. 用户名　　　　　B. 学校名　　　　　C. 学生姓名　　　　D. 邮件服务器名称

14. 计算机网络最突出的特点是（ A ）。

    A. 资源共享　　　　B. 运算精度高　　　C. 运算速度快　　　D. 内存容量大

15. E-mail 地址的格式是（ B ）。

    A. 用户名：密码@站点地址　　　　　B. 账号@邮件服务器名称

    C. 网址@用户名　　　　　　　　　　D. www.swfu.edu.cn

16. 浏览器的 "收藏夹" 的主要作用是收藏（ B ）。

    A. 图片　　　　　　B. 网址　　　　　　C. 邮件　　　　　　D. 文档

17. 网址 "www.swfu.edu.cn" 中的 "cn" 表示（ C ）。

    A. 美国　　　　　　B. 日本　　　　　　C. 中国　　　　　　D. 英国

18. Internet 起源于（A）。

    A. 美国   B. 英国   C. 德国   D. 澳大利亚

19. 一座大楼内的一个计算机网络系统，属于（B）。

    A. PAN   B. LAN   C. WAN   D. MAN

20. 以下 IP 地址书写正确的是（D）。

    A. 168*192*0*1   B. 325.255.231.0 C. 192.168.1   D. 202.203.132.5

三、思考题

1. 网络拓扑结构有哪几种？

常见的网络拓扑结构有总线型、星型、环型、树型和网状等。

2. 什么是 IP 地址？它有什么特点？

为了彼此识别，网络中的每个节点、每台主机都需要有地址。这个地址就是 Internet 地址，即 IP 地址。当前使用的 IP 地址是 IPv4 版，未来发展趋势是使用 IPv6 版的 IP 地址。

IP 地址的类型不但定义了网络地址和主机地址应该使用的位；还定义了每类网络允许的最大网络数目，以及每类网络中可以包含的最大主机（互连设备）的数目。

3. 什么是计算机网络？按覆盖范围分，计算机网络可以分为哪几种？

计算机网络是一群地理位置分散、具有自主功能的计算机，通过通信设备及传输媒体连接起来，在通信软件的支持下，实现计算机间的资源共享、信息交换、协同工作的系统。

按覆盖范围将计算机网络分为局域网（Local Area Network，LAN）、城域网（Metropolitan Area Network，MAN）、广域网（Wide Area Network，WAN）。

4. 计算机网络有哪些特点？

数据交换和通信：数据交换和通信是指计算机之间、计算机与终端之间或者计算机用户之间能够实现快速、可靠、安全的通信交往。

资源共享：资源共享的目的在于充分利用网络中的各种资源，减少用户的投资，提高资源的利用率。这里的资源主要指计算机中的硬件资源、软件资源和数据与信息资源。

计算机之间或计算机用户之间的协同工作：面对大型任务或网络中某些计算机负荷过重时，可以将任务化整为零，有多台计算机共同完成这些复杂和大型的计算任务，以达到均衡负载的目的。

5. 网络的定义是什么？常用的网络传输介质有哪些种类？

计算机网络是一群地理位置分散、具有自主功能的计算机，通过通信设备及传输媒体连接起来，在通信软件的支持下，实现计算机间的资源共享、信息交换、协同工作的系统。

网络中常用的传输介质通常分为有线传输介质和无线传输介质两类。其中，有线传输介质被称为约束类传输介质，无线传输介质又被称为自由介质。

① 有线传输介质有双绞线、同轴电缆和光导纤维 3 类。

② 无线传输介质主要类型有：无线电波中的短波、超短波和微波；光波中有远红外线和激光等类型。

6. 什么是调制解调器？它的主要功能是什么？

在发送端将数字信号转换为模拟信号的过程称为调制（modulation），相应的设备称为调制器（modulator）。在接收端把模拟信号还原为数字信号的过程称为解调（demodulation），相应的设备称为解调器（demodulator），而同时具有调制和解调功能的设备称为调制解调器（modem）。

Modem 就是实现数/模转换的变换设备。

7. 网络互联使用哪些设备？它们的主要功能是什么？

中继器、集线器、网桥、交换机、路由器。

中继器（Repeater）又称为转发器，可以放大、整形并且重新产生电缆上的数字信号，并按照原来的方向重新发送该再生信号，降低传输线路对信号的干扰影响，起到扩充网络规模的作用。

集线器（Hub）专指共享式集线器，又称为多端口中继器，其作用与中继器类似，基本功能仍然是强化和转发信号。此外，集线器还具有组网、指示和隔离故障点等功能。

网桥一般指用来连接两个或多个在数据链路层以上具有相同或兼容协议的网络互连设备。网桥工作在 OSI 模型的第二层，一般由软件和硬件组成，是一种存储转发设备，它通过对网络上信息进行筛选来改善网络性能。网桥可以实现网络的分段，提高网络系统的安全和保密性能。网桥也可以在多个局域网之间进行有条件的连接。

交换机和网桥工作原理十分相似，是按照存储转发原理工作的设备，它与网桥一样具有自动的"过滤"和"学习"功能。与网桥不同的是交换机转发延迟很小，利用专门设计的集成电路可使交换机以线路速率在所有的端口并行转发信息，提供了比传统网桥高得多的传输性能。

路由器就是网络中的交通枢纽。路由器使用来互连局域网与英特网、局域网的设备。路由器能够根据信道的状况自动选择和设定路由，并以最佳路径按顺序发送信号分组的设备。

8. 什么是交换机？它和集线器的主要差别是什么？

交换机是按照存储转发原理工作的设备，它与网桥一样具有自动的"过滤"和"学习"功能。与网桥不同的是交换机转发延迟很小，利用专门设计的集成电路可使交换机以线路速率在所有的端口并行转发信息，提供了比传统网桥高得多的传输性能。目前，为了减轻局域网中的信息瓶颈问题，交换机正在迅速替代共享式集线器，并成为组建和升级局域网的首选设备。

9. 因特网有哪些基本服务？

Internet 上的常用服务主要有：World Wide Web（WWW）浏览、文件传输（FTP）、电子邮件（E-Mail）、远程登录（Telnet）。

10. 在电子邮件收发中使用了哪些协议？

简单邮件传输协议（Simple Mail Transfer Protocol，SMTP）、邮局协议（Post Office Protocol Version 3，POP3）、（interactive Mail Access Protocol，IMAP）。

11. 什么是网络操作系统？它与单机操作系统有何差别？

网络操作系统（Network Operation System，NOS）是使网络上各计算机能方便而有效地共享网络资源，为网络用户提供所需的各种服务的软件和有关规程的集合，是网络环境下，用户与网络资源之间的接口。

网络操作系统除了具备单机操作系统所需的功能外，如内存管理、CPU 管理、输入输出管理、文件管理等，还应有下列功能。

① 提供高效可靠的网络通信能力。
② 共享资源管理。
③ 提供多项网络服务功能，如远程管理、文件传输、电子邮件、远程打印等。
④ 网络管理。
⑤ 提供网络接口等。

习题 8

一、判断题

1. JPEG 是用于视频图像的编码标准。 （×）
2. 视频采集卡能完成数字视频信号的 D/A 转换和回放。 （√）
3. 多媒体技术是对多种媒体进行处理的技术。 （√）
4. 在多媒体计算机中，CD-ROM 是指只写一次的光盘。 （√）
5. 一个完整的多媒体计算机系统由硬件和软件两部分组成。 （√）
6. 目前广泛使用的触摸屏技术属于计算机技术中的多媒体技术。 （×）
7. 图像数据压缩的主要目的是提高图像的清晰度。 （×）
8. 扩展名为 ".wav" 的文件属于图像文件。 （×）
9. 计算机在存储波形声音之前，必须对其进行模拟化处理。 （×）
10. BMP 格式文件是无损压缩的。 （×）

二、单项选择题

1. 请根据多媒体的特性判断以下哪些属于多媒体的范畴？（D）
   （1）交互式视频游戏；（2）有声图书；（3）彩色画报；（4）彩色电视。
   A. 仅（1）   B. （1）（2）
   C. （1）（2）（3）   D. 全部

2. 要把一台普通的计算机变成多媒体计算机要解决的关键技术是？（D）
   （1）视频/音频信号的获取；   （2）多媒体数据编码和解码技术；
   （3）视频/音频数据的实时处理和特技；（4）视频/音频数据的输出技术。
   A. （1）（2）（3）   B. （1）（2）（4）
   C. （1）（3）（4）   D. 全部

3. 多媒体技术未来的发展方向是？（C）
   （1）高分辨率，提高显示质量；   （2）高速度化，缩短处理时间；
   （3）简单化，便于操作；   （4）智能化，提高信息识别能力。
   A. （1）（2）（3）   B. （1）（2）（4）
   C. （1）（3）（4）   D. 全部

4. 多媒体技术的主要特性有（D）。
   （1）多样性；（2）集成性；（3）交互性；（4）实时性。
   A. 仅（1）   B. （1）（2）
   C. （1）（2）（3）   D. 全部

5. 以下（B）不是数字图形、图像的常用文件格式。
   A. .BMP   B. .TXT   C. .GIF   D. .JPG

6. 在多媒体计算机系统中，内存和光盘属于（D）。
   A. 感觉媒体   B. 传输媒体   C. 表现媒体   D. 存储媒体

7. 用下面（A）可将图片输入到计算机。
   A. 绘图仪   B. 数码照相机   C. 键盘   D. 鼠标

8. 多媒体 PC 是指（ C ）。

　　A. 能处理声音的计算机

　　B. 能处理图像的计算机

　　C. 能进行文本、声音、图像等多种媒体处理的计算机

　　D. 能进行通信处理的计算机

9. 只读光盘 CD-ROM 的存储容量一般为（ D ）。

　　A. 1.44 MB　　　　　B. 512 MB　　　　　C. 4.7 GB　　　　　D. 650 MB

10. 多媒体计算机系统的两大组成部分是（ D ）。

　　A. 多媒体器件和多媒体主机

　　B. 音箱和声卡

　　C. 多媒体输入设备和多媒体输出设备

　　D. 多媒体计算机硬件系统和多媒体计算机软件系统

11. 多媒体计算机中的媒体信息是指（ D ）。

　　A. 数字、文字　　　　　　　　　　B. 声音、图形

　　C. 动画、视频　　　　　　　　　　D. 上述所有信息

12. 计算机显示器、彩电等成像显示设备是根据（ C ）三色原理生成的。

　　A. RVG（红黄绿）　　　　　　　　B. WRG（白红绿）

　　C. RGB（红绿蓝）　　　　　　　　D. CMY（青品红黄）

13. 以下（ A ）不是常用的声音文件格式。

　　A. JPEG 文件　　　　　　　　　　B. WAV 文件

　　C. MIDI 文件　　　　　　　　　　D. VOC 文件

14. 在下列软件中，不能用来播放多媒体的软件是（ D ）。

　　A. QQ 影音播放器　　　　　　　　B. Windows Meidia Player

　　C. Real Player　　　　　　　　　　D. Authorware

15. 多媒体技术发展的基础是（ A ）。

　　A. 数字化技术和计算机技术的结合　　B. 数据库与操作系统的结合

　　C. CPU 的发展　　　　　　　　　　D. 通信技术的发展

三、思考题

1. 什么是多媒体和多媒体技术？

　　多媒体（Multimedia）指的就是表示媒体，一般来说，多媒体就是文本、图形图像、音频、视频和动画等多种媒体信息的集合。

　　多媒体技术是指把文本、图形图像、音频、视频和动画等多媒体信息通过计算机进行数字化采集、压缩/解压缩、编辑、存储等加工处理，再以单独或合成形式表现出来的多媒体信息综合一体化技术。

2. 多媒体技术的特征有哪些？

　　多媒体技术的特性主要包括信息载体的多样化、交互性、集成性、实时性和数字化。

3. 多媒体技术的应用领域有哪些？

　　多媒体教育与培训、多媒体娱乐和游戏、多媒体通信、多媒体电子出版物、虚拟现实技术、多媒体声光艺术品的创作。

4. 多媒体计算机系统应该包含哪些部分？

　　多媒体计算机系统由多媒体硬件系统和多媒体软件系统组成。多媒体计算机系统的硬件，除

了需要较高配置的计算机主机硬件以外，还需要音频/视频处理设备、光盘驱动器、媒体输入/输出设备等。

5. 多媒体计算机和个人计算机在硬件方面有何区别？

多媒体计算机（Multimedia PC，MPC）在个人计算机的基础上增加了各种多媒体设备及相应软件，使其具有综合处理声音、图像、文字等信息的能力。

6. 图形和图像的区别是什么？

图形是用一组命令来描述的，这些命令用来描述构成该画面的直线、矩形、圆、圆弧、曲线等的形状、位置、颜色等各种属性和参数。图像是由许多点组成的，这些点称为像素，这种图像也称位图。

7. 声音如何进行数字化？音频文件格式有哪些？

声音数字化步骤：（1）采样，（2）量化，（3）编码。

音频文件格式：（1）WAV 文件，（2）MP3 文件（*.mp3），（3）VOC 文件，（4）MIDI 文件。

8. 什么是有损压缩和无损压缩？

无损压缩：由相关性进行数据压缩并不一定损失原信息的内容，因此可实现"无损压缩"，无损压缩具有可逆性，即经过压缩后可以将原来文件中的信息完全保存。有损压缩：经过压缩后不能将原来的文件信息完全保留的压缩，称为"有损压缩"，是不可逆压缩方式。数据经有损压缩还原后有一定的损失，但不影响信息的表达。

9. 视频压缩的标准有哪些？

MPEG 标准系列：MPEG-1（1992 年正式发布的数字电视标准）、MPEG-2（数字电视标准）、MPEG-4（1999 年发布的多媒体应用标准）、MPEG-7（多媒体内容描述接口）、MPEG-21（多媒体框架、管理多媒体商务）。

H.26X 标准系列： H.261、H.262、H.263 和 H.264。

10. 动画的文件格式有哪些？至少列举 3 种动画设计软件。

动画的文件格式：GIF 文件格式（*.gif）、FLC 文件格式（*.fli/*.flc）、SWF 文件格式（*.swf）。

动画设计软件：Flash、ImageReady、Maya。

习题 9

一、单项选择题

1. 下列关于计算机病毒的叙述中，有错误的一条是（ A ）。

　　A. 计算机病毒是一个标记或一个命令

　　B. 计算机病毒是人为制造的一种程序

　　C. 计算机病毒是一种通过磁盘、网络等媒介传播、扩散、并能传染其他程序的程序

　　D. 计算机病毒是能够实现自身复制、并借助一定的媒体存在的具有潜伏性、传染性、破坏性的程序

2. 下面列出的四项中，不属于计算机病毒特征的是（ A ）。

　　A. 免疫性　　　　　B. 潜伏性　　　　　C. 激发性　　　　　D. 传播性

3. 计算机发现病毒后最彻底的消除方式是（ D ）。

　　A. 用查毒软件处理　　　　　　　　　B. 删除磁盘文件

C．用杀毒药水处理　　　　　　　　D．格式化磁盘

4．下列叙述中，不正确的是（A）。

A．"黑客"是指黑色的病毒　　　　　B．计算机病毒是一种破坏程序

C．CIH 是一种病毒　　　　　　　　D．防火墙是一种信息安全技术

5．计算机犯罪中的犯罪行为实施者是（C）。

A．计算机硬件　　　　　　　　　　B．计算机软件

C．操作者　　　　　　　　　　　　D．微生物

6．宏病毒是随着 Office 软件的广泛使用，有人利用高级语言宏语言编制的一种寄生于（B）宏中的计算机病毒。

A．应用程序　　　　　　　　　　　B．文档或模板

C．文件夹　　　　　　　　　　　　D．具有"隐藏"属性的文件

二、判断题

1．计算机病毒只是对软件进行破坏，而对硬件不会破坏。　　　　　　　　　　（×）

2．若一台微机感染了病毒，只要删除所有带毒文件，就能消除所有病毒。　　　（×）

3．病毒攻击主程序总会留下痕迹，绝对不留下任何痕迹的病毒是不存在的。　　（√）

4．CIH 病毒是一种良性病毒　　　　　　　　　　　　　　　　　　　　　　（×）

5．知识产权是一种无形财产，它与有形财产一样，可作为资本进行投资、入股、抵押转让、赠送等。　　　　　　　　　　　　　　　　　　　　　　　　　　　　　　（√）

三、思考题

1．什么是计算机病毒？

计算机病毒是隐藏在计算机系统中，利用系统资源进行繁殖并生存，能够影响计算机系统的正常运行，并可通过系统资源共享的途径进行传染的程序。

2．计算机病毒主要有哪些特征？

传染性、隐藏性、破坏性、触发性、潜伏性。

3．计算机病毒的传播途径有哪些？

在 Internet 普及以前，病毒攻击的主要对象是单机环境下的计算机系统，一般通过软盘或光盘、U 盘来传播，病毒程序大都寄生在文件内，这种传统的单机病毒现在仍然存在并威胁着计算机系统的安全。随着网络的出现和 Internet 的迅速普及，计算机病毒也呈现出新的特点，在网络环境下病毒主要通过计算机网络来传播。

4．计算机病毒的分类？

（1）传统单机病毒：引导型病毒、文件型病毒、宏病毒、混合型病毒。

（2）现代网络病毒：蠕虫病毒、木马病毒。

5．数据加密的主要方式是什么？

数据加密就是把可理解的明文消息通过密码算法变换成不可理解的密文的过程，解密是加密的逆操作。加密算法在这中间起着重要的作用。加密算法一般分为两类：对称密码算法和公开密钥密码算法（也称非对称密码算法）。

6．防火墙的主要功能是什么？

加强网络之间访问控制，防止外部网络用户以非法手段通过外部网络进入内部网络，访问内部网络资源，保护内部网络操作环境。它对在两个或多个网络之间传输的数据包按照一定的安全策略来实施检查，以决定网络之间的通信是否被允许，并监视网络运行状态。

7. 防止黑客攻击的主要方法有哪些？

（1）加强对控制机房、网络服务器、线路和主机等实体的防范，除了做好环境的保卫工作外，还要对系统进行整体的动态监控。

（2）身份认证，通过授权认证的方式来防止黑客和非法使用者进入网络，为特许用户提供符合身份的访问权限和控制权限。

（3）数据加密，对信息系统的数据、文件、密码和控制信息加密，提高数据传输的可靠性。

（4）在网络中采用行之有效的防黑产品，如防火墙、防黑软件等。目的在于阻止无关用户闯入网络，以及不允许把本公司的有用信息传送给网外竞争对手等特殊人员。

（5）制定相关法律，以法治黑。

8. 对称密码和非对称密码各有什么优缺点？

对称密钥体制使用方便，加密/解密速度教高。具有较低的错误扩散。这是因为明文和密文是逐比特对应加密/解密的，因此，传输过程中的每比特错误只能影响该比特的明文。对称密码体制最大的缺陷是密钥分发问题。

非对称密码计算非常复杂，它的安全性更高，但它实现速度却远赶不上对称密钥加密系统。

9. 什么是网络道德，网络道德建设要处理好哪些关系？

所谓网络道德，是指以善恶为标准，通过社会舆论、内心信念和传统习惯来评价人们的上网行为，调节网络时空中人与人之间以及个人与社会之间关系的行为规范。网络道德是时代的产物，与信息网络相适应，人类面临新的道德要求和选择，于是网络道德应运而生。网络道德是人与人、人与人群关系的行为法则，它是一定社会背景下人们的行为规范，赋予人们在动机或行为上的是非善恶判断标准。

当前网络道德建设的主要问题在于处理好以下关系：（1）虚拟空间与现实空间的关系，（2）网络道德与传统道德的关系，（3）个人隐私与社会安全的关系。